新型职业农民培育规划教材

蔬菜规模栽培与病虫害防治

ī 战 范舍玲 张高棣 主编

中国农业科学技术出版社

图书在版编目（CIP）数据

蔬菜规模栽培与病虫害防治 / 石战，范舍玲，张高棣主编．—北京：中国农业科学技术出版社，2015.10

ISBN 978－7－5116－2259－4

Ⅰ．①蔬…　Ⅱ．①石…②范…③张…　Ⅲ．①蔬菜园艺②蔬菜－病虫害防治　Ⅳ．①S63②S436.3

中国版本图书馆 CIP 数据核字（2015）第 220672 号

责任编辑　张孝安　于建慧
责任校对　贾海霞

出 版 者　中国农业科学技术出版社
　　　　　北京市中关村南大街 12 号　邮编：100081
电　　话　(010)82109708(编辑室)　(010)82109702(发行部)
　　　　　(010)82109709(读者服务部)
传　　真　(010)82106650
网　　址　http://www.castp.cn
经 销 者　各地新华书店
印 刷 者　北京富泰印刷有限责任公司
开　　本　850mm×1 168mm　1/32
印　　张　5.5
字　　数　145 千字
版　　次　2015 年 10 月第 1 版　2015 年 10 月第 1 次印刷
定　　价　24.00 元

《蔬菜规模栽培与病虫害防治》

编 写 人 员

主　　编　石　战　范舍玲　张高棣

副 主 编　唐柳青　王建军

编 著 者　徐　还　张健猛　任　忱

　　　　　张守筠　卜祥勇　吴宇鹏

　　　　　郭　军

前　言

为更好地贯彻落实中央有关文件精神，加大新型生产经营型职业农民培养工作力度，特组织专业技术人员根据农业部关于《生产经营型职业农民培训规范》的要求编写了《蔬菜规模栽培与病虫害防治》这部教材。

本教材重点反映蔬菜规模化生产经营的系统性、科学性和实用性。内容分为9个模块，包括蔬菜产业发展与蔬菜规模化生产经营、蔬菜规模化生产的流通渠道和营销方式、蔬菜规模化生产的生态环境、制定蔬菜规模化生产计划、蔬菜穴盘工厂化育苗、蔬菜规模化生产栽培技术、蔬菜病虫害防治、蔬菜规模化生产采后处理技术、蔬菜产业政策法规与经营管理，每个模块介绍了学习目标、基本知识，并附有思考题。通过学习可使接受培训学员能够适应现代农业发展要求，具备现代农民综合素质，具有现代蔬菜产业高产、优质、高效、安全生产经营技能，能够从事现代设施蔬菜产业专业化、标准化、规模化和集约化生产经营。

本教材语言精练，通俗易懂，重点面向从事蔬菜产业生产经营的专业大户、家庭农场主和农民合作社骨干，拟扩大蔬菜产业生产经营规模的承包农户，以及有志在现代蔬菜产业务农创业的返乡农民工、退役军人和农村新生劳动力等新型农业经营主体。

编　者

2015年8月

目　　录

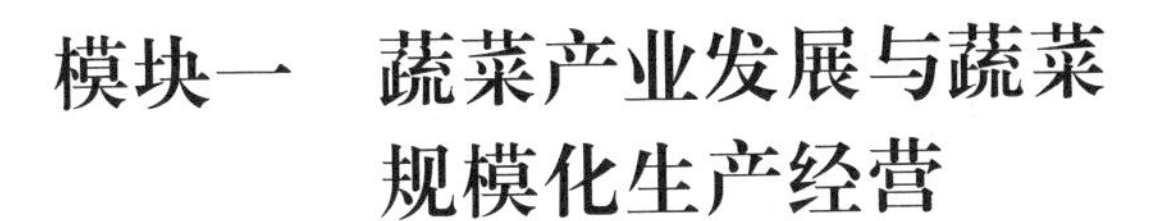

模块一　蔬菜产业发展与蔬菜规模化生产经营

【学习目标】

1. 了解我国蔬菜产业的发展现状
2. 因地制宜确定蔬菜规模化生产经营模式
3. 掌握蔬菜产业化发展的基本思路

一、蔬菜产业的发展现状

我国蔬菜产业发展迅速，已成为农业和农村经济发展的支柱产业，对加快现代农业和社会主义新农村建设具有重要作用。

1. 生产规模持续扩大，市场供应显著改善

自20世纪80年代中期我国蔬菜购销体制改革以来，市场机制、竞争意识、价值规律等市场要素在蔬菜产销中发挥了决定性作用，极大地调动了广大农民的生产积极性，全国蔬菜生产得到迅速发展。目前，我国蔬菜种植面积达到3亿多亩（15亩 = $1hm^2$。全书同），年产量超过7亿吨，人均占有量500多kg，年产量为71 900.0万吨，人均占有量为536.2kg，居世界第一位，是世界上最大的蔬菜生产国和消费国。

2. 生产布局不断优化，流通体系不断完善

随着交通运输状况的改善和全国鲜活农产品“绿色通道”的开通，华南地区、长江上中游冬春蔬菜基地和黄土高原、云贵高原夏秋蔬菜基地稳步发展，设施蔬菜快速增长，初步形成了大生产、大市场、大流通的格局，使我国冬春和夏秋淡季的蔬菜消

费，由过去的“有啥吃啥”变为“吃啥有啥”，缓解了供需矛盾，基本实现了周年均衡供应。

3. 产业科技长足进步，产品质量显著提高

农业部组织实施“无公害食品行动计划”以来，蔬菜质量安全工作得到全面加强，质量安全水平有了明显提高，主要蔬菜良种更新频率加快，覆盖率达90%以上，集约化育苗迅速发展，年提供商品苗800多亿株，病虫害综合防治、无土栽培、节水灌溉等技术也取得明显进步。采后商品化处理率由20世纪80年代初的不足10%提高到40%，基本消灭了统货上市。

4. 产品出口增速较快，国际贸易快速攀升

加入世界贸易组织后，我国蔬菜出口增长势头强劲，比较优势逐步显现。据中国海关统计，2013年我国累计出口蔬菜961.12万吨，与2012年相比增长16.22%；出口额115.86亿美元，贸易顺差111.64亿美元，是农产品中仅次于水产品的第2大顺差产品。我国蔬菜出口量约占蔬菜总产量的1.4%。

二、蔬菜规模化生产经营

（一）蔬菜规模化生产经营是蔬菜产业良性发展的必由之路

1. 蔬菜的生产特点要求蔬菜规模化生产经营

蔬菜生产属于资金、技术与劳动力密集型产业，人力、资金、资料投入大，技术要求高。小规模化生产单位很难高效发展，只有在农村家庭经营的基础上，围绕主导产品，组建龙头企业，现代化管理，才能促进蔬菜生产的科学发展。

2. 蔬菜的商品化要求蔬菜规模化生产经营

随着社会经济的发展，人民群众的生活水平日益提高，物质需求也逐渐提高，对蔬菜的需求也由初级农产品逐步发展到商品化，只有规模化生产经营才能实现蔬菜生产标准化、产品品牌

化、质量等级化、包装规格化，引导农户为“卖”而产，达到效益最大化。

3. 市场化的经济特点要求蔬菜规模化生产经营

随着经济脚步的加快，蔬菜走向大市场，市场经济的价值论决定了蔬菜价格的波动，小规模分散生产、初级经营和大市场、大流通的不对称性很容易导致菜贱伤农事件。而规模化生产推动了专业化生产、一体化经营，适应市场的能力大大提高。

（二）蔬菜规模化生产经营的模式

1. 农业规模生产经营的要素

农业规模经营由土地、劳动力、资本、管理四大要素的配置进行，其主要目的是扩大生产规模，使单位产品的平均成本降低和收益增加，从而获得良好的经济效益和社会效益。

农业规模经营的发展方向是农业适度规模经营，即在保证土地生产率有所提高的前提下，使每个务农劳动力承担的经营对象的数量，与当时当地社会经济发展水平和科学技术发展水平相适应，以实现劳动效益、技术效益和经济效益的最佳结合。

评价农业规模经营可以从两方面入手：一是各生产要素的组合是否合理；二是各方面的利益关系是否协调。

2. 蔬菜规模化生产经营的模式

（1）“蔬菜批发市场＋蔬菜种植户”模式　专业批发市场作为一个市场组织，与周边菜农以及蔬菜运销组织之间存在稳定的隐性契约。该模式的典型代表是创建于1984年的山东省寿光蔬菜批发市场。

该模式具有蔬菜集散、价格形成、信息交流和物流配送的作用与功能，其主要优点有：促进蔬菜生产经营的区域化、专业化和标准化，形成产业优势；调节种植规模和品种、节省交易成本、提高运销效率和生产经营效益。但也有明显不足，例如：不能从投入品供应、种植、加工等环节开展蔬菜质量安全的事前控制和事中控制，仅能进行部分事后控制；难以保障批发环节之后诸如流通、销售和消费等环节中蔬菜的质量安全状况。

（2）“公司 + 农户”“公司 + 基地 + 农户”模式　指以蔬菜加工企业为龙头，形成“公司 + 农户”“公司 + 基地 + 农户”等蔬菜生产、加工、销售一体化组织模式。该模式是目前国内最主要和最普遍的形式，在沟通菜农与市场的联系，减少菜农生产的盲目性，增强蔬菜加工企业原料来源和质量的稳定性，弱化蔬菜生产经营的风险性等方面都具有积极意义。但也存在生产投入品质量监管不到位、内部关系不稳定、主体地位不平等。全力责任不对称、利益分配不协调以及合同履行不到位等问题。

（3）“蔬菜专业合作组织 + 菜农”模式　即蔬菜专业合作组织与菜农的松散联盟。该模式在运作过程中坚持“民出资、民办社、民管理、民收益”的原则，菜农在自愿的基础上加入蔬菜专业合作社，合作社为成员提供各种服务，例如：“统一提供科技培训和技术咨询、统一推广新品种、统一生产资料供应、统一生产操作规程、统一采收上市标准、统一品牌销售、统一开拓市场”等。

该模式具有群众性、自愿性、专业性、互利性和自助性等优点，有利于促进蔬菜生产经营的标准化、规模化和品牌化。但也存在资金、技术和信息服务能力不强，对菜农的吸引凝聚力和监控力弱，成员的生产行为不够规范且相互关系松散等缺点。

（4）“企业 + 农场”模式　农业公司（或工商企业）与农场直接结合，形成一个独立的经济实体。公司通过租赁农民的土地或购买国有土地使用权兴办农场，聘用专家和农业工人从事蔬菜种植生产与经营。“企业 + 农场”型经营模式的特点是，蔬菜从种植、生产到产品销售全过程各环节活动统一由企业完成，被置于一个所有权之下，由一个指挥中心管理和协调。其优点：一是生产易于组织，各环节活动易于协调，能够较好保证蔬菜产品的质量和安全性；二是减少蔬菜生产过程中各环节之间的交易费用，有助于降低成本、增加效益；三是蔬菜生产各环节利润均归一个企业所拥有，蔬菜生产的产前、产后部门和生产过程本身有机结合在一个企业之中，省去了许多的中间环节，有助提高产品生产与投放市场的速度。

“企业＋农场”型经营模式的主要缺点是企业兴办农场的土地获得在中国目前农民大规模的转移就业未能成为现实的情况下，可能存在一定的难度。为此，作为该经营模式的变形，可以采取“企业＋农场与农户连接”的办法来弥补其缺陷和不足。即企业在通过租赁农民土地或购买国有土地使用权兴办农场直接从事蔬菜生产与经营的基础上，按照“农场＋农户”的方式将所在区域内农户的蔬菜生产纳入公司的农场生产经营体系，一方面带动农民发展生产，增加收入，另一方面确保蔬菜生产基地规模化经营的有效实现。

(5) “园区＋农户”模式　建立专业从事蔬菜生产的农业园区，通过农业园的要素集聚和辐射带动等多种效应将从事蔬菜生产经营活动的农户集中在目标空间区域内，形成具有一定规模的蔬菜产业区。在这一产业区内，农户既能够共享一些大型农用生产资料、农业基础设施和信息等方面的服务，采用农业生产的最新科技成果，最大限度地提高农业生产的经济效益和农产品增加值，还可以按照统分结合、互助合作的方式及规则，扩大蔬菜生产的经营规模和拉长其产业链条，从而增加蔬菜生产的竞争能力。

蔬菜产业园是实现蔬菜产业化经营的理想载体，是提高蔬菜生产组织化程度的重要手段，是维系农户家庭经营制的重要保障。

三、发展蔬菜规模化生产经营，大力推进蔬菜产业化进程

蔬菜规模化生产经营是蔬菜产业化的第一步，蔬菜生产的最

终出路是产业化，即由组织化到规模化，再到效益最大化，从而刺激规模最大化，最终形成产业化。

（一）指导思想

以科学发展观为指导，按照社会主义新农村、现代农业建设的总体要求，以保障市场供应、增加农民收入、扩大劳动就业、拓展出口贸易为目标，充分发挥资源、区位和成本优势，推广蔬菜规模化生产经营，构建现代蔬菜产业体系，全面提升以“单产、质量、效益”为标志的蔬菜现代化水平，提高产业竞争能力。

（二）发展对策

1. 布局区域化

蔬菜生产季节性强，易受环境条件的影响，存在生产的季节性和需求均衡性的矛盾。只有进一步实行区域化种植，才能形成资源和要素配置更为合理的生产能力和商品结构，从而获得高质量和高效益的产品，同时也便于蔬菜产品的交易和聚散。

主要根据气候、区位优势以及产业基础，将全国蔬菜产区划分为四大功能区八大重点区域。其中，调剂国内市场供应的三大功能区包括华南冬春蔬菜重点区域、长江上中游冬春蔬菜重点区域、黄土高原夏秋蔬菜重点区域、云贵高原夏秋蔬菜重点区域、黄淮海与环渤海设施蔬菜重点区域等5个重点区域；出口贸易功能区包括东南沿海出口蔬菜重点区域、西北内陆出口蔬菜重点区域、东北沿边出口蔬菜重点区域等3个重点区域。

2. 经营产业化

积极发展多种形式的蔬菜龙头企业，特别是农民自己的合作经济组织，实行产销一体化，通过农业的产业化经营带动农户的小规模生产，实行专业化、规模化、标准化生产和商品化加工、品牌化销售，让农民更多获得生产过程创造的价值和流通环节的

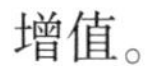

增值。

3. 产品优质化

建立从田头到市场，从政府到农户的全程质量控制体系，对基地环境、投入资金、生产过程、产品检测等关键环节进行监督管理，建立档案管理制度和产加销全过程的质量追溯制度，切实保障无公害蔬菜的质量安全。严格禁止销售和使用高毒农药；规范农药安全科学使用技术，解决加大农药使用剂量和不严格执行安全间隔期造成农药超标等问题。

4. 信息网络化

建设一批重点产区产地批发市场和销区批发、零售市场，发展现代物流业，构建蔬菜生产、市场信息网络，充分发挥批发市场的交易拉动和信息引导功能。蔬菜产销服务机构应加强信息搜集和研究，发布蔬菜生产、供求和价格近期状况以及中长期预测、预警，以便为政府和菜农组织蔬菜生产和销售提供决策依据，避免盲目。此外，还应加强市场管理，规范市场行为。

【思考与练习】

1. 简述蔬菜规模化生产经营与蔬菜产业化发展的关系

2. 结合自身特点，阐述当地发展蔬菜产业化的思路

模块二 蔬菜规模化生产的流通渠道和营销方式

【学习目标】

1. 了解我国蔬菜商品化生产、消费和营销特点
2. 熟悉我国现阶段农产品流通的主渠道及其特点
3. 掌握蔬菜市场信息收集与分析的方法
4. 了解大宗农产品的市场营销方法
5. 了解农产品行业协会和农产品经纪人等在农产品市场营销中的作用

一、蔬菜商品化生产特点、消费特点和营销特点

（一）蔬菜商品化生产特点

蔬菜商品化是蔬菜规模化生产经营在满足自给自足需求的前提下，蔬菜产品走向市场的必然结果。判断蔬菜生产走向商品化，主要考察以下生产特点。

1. 专业化生产

农业生产按照农产品的不同种类、生产过程的不同环节，在地区之间或农业企业之间进行分工协作，向专门化、集中化的方向发展，是社会分工深化和经济联系加强的必然结果，也是农业生产发展的必由之路。专业化生产通常有3种表现形式：农业地区专业化（农业生产区域化）、农业企业专业化（农场专业化）、农业作业专业化（农艺过程专业化）。实现农业生产专业化，有

利于提高劳动者的素质，充分发挥地区、企业优势，提高农业经济效益，提高农业机械化水平和农业科学技术水平。

2. 集约化生产

具体表现为大力进行农田基本建设，发展灌溉，增施肥料，改造中低产田，采用农业新技术，推广优良品种，实行机械化作业等。衡量集约农业发展水平的指标有两类：①单项指标。如单位面积耕地或农用地平均占有的农具和机器的价值（或机器台数、机械马力数）、电费（或耗电量）、肥料费（或施肥量）、种子费（或种子量）、农药费（或施药量）及人工费（或劳动量）等。②综合指标。如单位面积耕地或农用地平均占用生产资金额、生产成本费、生产资料费等。

3. 规模化生产

在农业家庭经营的基础上，通过组织引导一家一户的分散经营，围绕主导产业和产品，实行区域化布局、专业化生产、一体化经营、社会化服务、企业化管理，组建市场牵龙头、龙头带基地、基地连农户，种养加、产供销、内外贸、农工商一体化的生产经营体系。

4. 品牌化生产

龙头企业给自己的农产品规定商业名称，通常由文字、标记、符号、无公害蔬菜或绿色食品标识图案和颜色等要素或这些要素的组合构成，作为一个企业农产品或产品系列的标志，以便同竞争者的产品相区别。一定程度满足消费者对优质农产品的需求，促进其放心购买那些自己信得过的品牌农产品，克服农产品市场的逆选择现象，提高了种植户收入和促进农业企业利润的增长，促使蔬菜规模化生产进入良性循环轨道。

（二）蔬菜消费特点

我国蔬菜生产规模已渐趋饱和，市场已由卖方市场变为买方市场。生产者务必准确掌握市场流通信息和技术信息，选择适销对路和紧俏的蔬菜品种，进行合理的茬口安排，实现由过去“我种什么你吃什么”到今天的“你吃什么我种什么”的根本性转变，真正实现增产增收的目标，保证蔬菜产业的可持续发展。

1. 向“营养保健型”转化

当基本生活的要求满足之后，人们对蔬菜的消费已从数量型逐步转向质量型，因此，不少消费者到市场选购具有营养价值高和保健功能的蔬菜。

①营养价值高、风味好的豆类、瓜类、食用菌类、茄果类蔬菜由数量型向质量型发展。

②营养价值高的南方菜，如花菜、生菜、绿菜花、紫甘蓝等销售形势看好。

③一些具有保健医疗功能的野生蔬菜身价倍增，成为菜中精品，各地正致力采集、驯化栽培、加工利用，以供应市场的需要。

2. 向“绿色无公害型”转化

蔬菜数量的剧增令人欣慰，但其有害物质的富集却让人忧虑。现实迫使消费者增强了自我保护意识，对“绿色食品”的追求越来越迫切。

20 世纪 80 年代初，农业部开始推广无公害蔬菜生产技术，到 20 世纪 80 年代末已有 22 个省（自治区、直辖市）的 200 多个城市建起无公害蔬菜生产基地 6.67 万公顷，年生产无公害蔬菜 610 万吨以上。20 世纪 90 年代，农业部成立“中国绿色食品发展中心”，实行“绿色食品”认证制，从产地生态环境、产品生产操作规程到农药残留、有害重金属和细菌含量等方面对“绿色食品”的标准做了界定。

3. 向“净菜方便型”转化

为了适应城市快节奏、高效率的需要，净菜悄悄上市了。所谓净菜，就是蔬菜采收后，进入 5 ~7℃的低温加工车间，在这里完成预冷、分选、清洗、干燥、切分、添加、包装、贮藏、质检

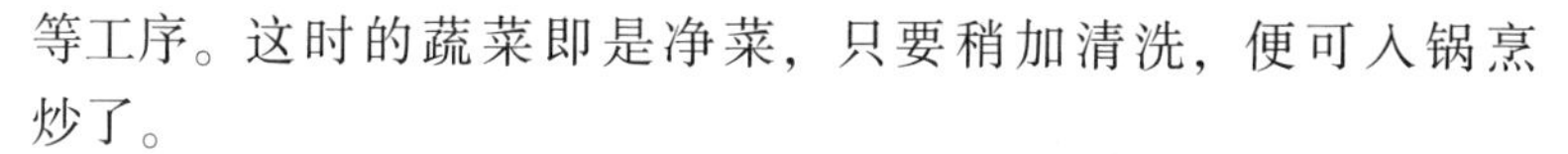

等工序。这时的蔬菜即是净菜，只要稍加清洗，便可入锅烹炒了。

4. 向“蔬菜工业食品型”转化

蔬菜工业食品包括原料贮存、半成品加工和营养成分分离、提纯、重组等。发达国家工业食品在食品消费中所占的比例较大，一般达80%，有的高达90%，而我国只占25%。

我国蔬菜工业食品除传统的腌渍、制干、制罐等加工工艺外，已开发出半成品加工、脱水蔬菜、速冻蔬菜、蔬菜脆片等；一些新开发的产品也陆续问世，主要有汁液蔬菜、粉末蔬菜、辣味蔬菜、美容蔬菜、方便蔬菜等；蔬菜面点、蔬菜蜜饯、蔬菜饮料等深加工迅速兴起。

5. 向“名、特、稀、优型”转化

①人们购买趋向时令菜、反季节菜。在淡季，花菜、番茄、韭菜等更加畅销。在冬季北京市场上，南方生产的黄瓜、花菜、西洋芹等颇受欢迎。

②大路菜销售减少，细菜消费量增加。

③西菜，是从国外引进的高档蔬菜品种的总称，市场广阔，除饭店、宾馆需求趋旺外，已进入普通居民家庭。西菜适应性强，具有丰产性、抗病性，我国南北各地均可种植。目前，栽培种类主要有风味西菜、袖珍西菜、花粉西菜、营养西菜、色彩西菜等。

6. 向“出口创汇型”转化

由于我国各地生态条件不同，形成了不少具有地区特色的优质蔬菜品种。随着市场经济的发展，这些优质蔬菜有些已成为“有机蔬菜”，国外市场也有竞争力。

目前我国蔬菜市场供应已实现大流通、大循环，产品已出现季节性、区域性、结构性的相对过剩，因此生产者在品种选择时，不能单凭自己的喜好或当地的喜好来选择品种，而应该根据产品销售地人民的消费习惯来选择种植品种，因此，在决定生产，选择品种之前，应首先定位好市场，千万不要盲目生产。

（三）蔬菜绿色营销特点

经过20多年的蔬菜高速增长，我国蔬菜产业已经颇具规模，成为一项具有国际比较优势的支柱产业，但在质量和总体效益上，仍旧处于一个较低的层次。从市场营销学角度来讲，全面推行绿色营销是解决这一问题的关键。

1. 绿色营销的内涵

随着全球环境保护、可持续发展战略及人类生存健康的重视，市场营销理论和实践也由传统营销转向绿色营销。绿色营销必将成为未来市场营销主流。

所谓绿色营销，是指企业以消费者的绿色消费需求为中心，为实现自身利益、消费者利益和环境利益的统一，以环境保护观念为经营指导思想，实施可持续发展战略，而在目标市场内进行的包括产品开发、产品定价、渠道选择、促销推广、提供服务等一系列的经营活动。近些年来，人们越来越意识到环境恶化已经对其生活质量及生活方式产生不良的影响，于是要求企业的产品和服务及经营活动，尽量减少对环境的危害，这种绿色消费需求促成了绿色营销的产生。

2. 绿色营销的特点

（1）综合性　绿色营销着眼于考察企业营销活动与自然环境的关系，突破国家与地区的界限，重视社会可持续发展，追求实现自身利益与满足消费者利益和环境利益的统一，综合了传统市场营销、生态营销、社会营销和大市场营销等多种营销观念。

（2）统一性、多向性　绿色营销是一个复杂的系统工程，涉及方方面面，它的良好推行有赖于国际社会、国家、企业和消费者的共同努力。而且，企业自身的行动和国际合作、国家政策、消费者行为以及自然条件紧密关联，相互影响。正因为如此，才使得绿色营销复杂而艰巨。

（3）标准明确一致性　绿色营销有一套具体的规范和技术标准可以遵循，绿色标准及绿色标志认证的技术参数尽管世界各国不尽相同，但其内容和实质是一样的，都是要求产品质量、产品生产、使用消费及处置等方面符合环境保护要求，对生态环境和人体健康无损害。

由于其内容和特性，绿色营销在农产品营销领域具有更为直接的意义，也有更为广阔的发展空间。

二、我国现阶段农产品流通的主渠道及其特点

（一）农产品产地市场

农产品产地市场是我国现代农业产业体系和农产品市场体系的重要组成部分，是在农业市场化改革不断深入和农产品专业化、区域化、规模化生产不断发展的基础上兴起，具有较高商品率的农产品主产区为了快速、大批量集散当地农产品，稳定农产品供应而兴建的市场，其市场交易量60%以上是本地农产品。

1. 产地市场特点

（1）与现代农业产业体系发展衔接　产地市场是现代农业产业体系重要组成部分，建设产地市场，有利于把分散农户生产的农产品汇集起来，形成商品批量，通过快速集散和扩大流通范围，促进农产品顺畅销售，实现小规模生产与大市场需求的有效对接；布局产地市场，完善主产区市场体系，搭建产销信息服务平台，能够提升农户与市场对接能力，提高农产品流通效率，促进农业产业发展。

（2）产业关联效应大　建设产地市场，能够有效带动加工、包装、储藏、保鲜、运输、餐饮、住宿、农资供应等相关产业发展，实现农产品生产、加工流通、消费有效对接。

（3）商品化程度高　建设产地市场，充分利用农业优势资

源，挖掘文化内涵，完善产地市场商品化处理和包装等功能，实现产品统一标准、统一处理和统一包装，有助于建立良好的品牌和信誉，提升产品价值和市场竞争力，带动产业规模化、标准化发展。

(4) 辐射带动农业生产　在优势农产品集中区域建设全国性农产品产地市场、区域性农产品产地市场和田头市场，对接产地市场与生产基地，将农户和消费者紧密联系，以市场需求和消费驱动为导向，最大限度提高了产地市场辐射带动农业生产的能力，推动了主产区优势产业协调可持续发展。

2. 产地市场布局

农产品产地市场体系是沟通农产品生产与消费的桥梁与纽带，是现代农业发展的重要支撑体系之一。依据《全国优势农产品区域布局规划（2009—2015 年）》和《特色农产品区域布局规划（2013—2020 年）》等相关文件，借鉴日本、韩国农产品市场体系建设的经验，到 2020 年，在优势产区和特色产区建成一批直接服务农户营销的产地市场，其中 30 个区域性产地示范市场 300 个，田头示范市场 1 000个，通过示范带动和政策引导，形成布局合理、分工明确、优势互补的全国性、区域性和田头市场的三级产地市场体系。

(1) 全国性产地示范市场　全国性农产品产地市场是在优势农产品区域，由农业部和省级人民政府共同支持，建设能够辐射带动本区域乃至全国优势农产品产业发展的大型农产品专业批发市场。全国性农产品产地市场是农产品产业体系的“航空母舰”和引领国内产业发展的龙头，是全国价格形成中心、产业信息中心、物流集散中心、科技交流中心和会展贸易中心。

全国性蔬菜产地市场辐射带动集中连片种植面积 100 万亩以上，市场交易量占市场所在优势区蔬菜产量的 30% 以上，市场年交易额达 80 亿元以上。

例如：在华南冬春蔬菜优势区、长江上中游冬春蔬菜优势

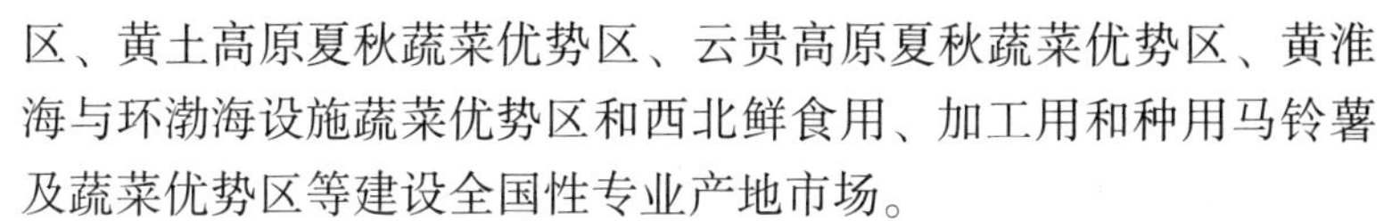

区、黄土高原夏秋蔬菜优势区、云贵高原夏秋蔬菜优势区、黄淮海与环渤海设施蔬菜优势区和西北鲜食用、加工用和种用马铃薯及蔬菜优势区等建设全国性专业产地市场。

（2）区域性农产品产地市场　区域性农产品产地市场是建在农产品优势产区，能够辐射带动市场所在县及周边县优势产业发展的农产品批发市场。区域性农产品产地市场是引领区域主导产业发展的“桥头堡”，是区域内农产品的价格形成中心、产业信息中心和物流集散中心，是连接产销市场的重要纽带。

市场所在区域属于农产品优势产区，区域内已形成产业规模，商品量较大。市场建设符合本地区市政发展规划，交通区位条件好，5 年内无变迁计划，市场连续 3 年稳定性和成长性良好，对当地优势或特色农业产业发展发挥龙头带动作用。

区域性蔬菜产地市场辐射带动集中连片种植面积 30 万亩以上，本地农产品交易量达到市场交易总量的 60% 以上，市场年交易额在 8 亿元以上。主要分布在华南冬春蔬菜优势区、长江上中游冬春蔬菜优势区、黄土高原夏秋蔬菜优势区、云贵高原夏秋蔬菜优势区、黄淮海与环渤海设施蔬菜优势区。

（3）田头市场　田头市场是建在农产品生产基地，辐射带动市场所在村镇及周边村镇农产品流通的小型农产品产地市场，主要开展预冷、分级、包装、干制等商品化处理及交易活动。田头市场是农民家门口的市场，属于典型的公益性流通基础设施，是提高农户营销能力，实现农产品产后“存得住、运得出、卖得掉”，发展农产品直销和电子商务等新兴流通业态的重要支撑。

田头市场主要经营水果、蔬菜和特色农产品等对产地商品化处理、储存或加工需求明显的农产品。市场所在村或镇内生产集中度高、已形成良好的市场基础、生产主体组织化程度相对较高。其中：蔬菜田头市场辐射半径 10km 以上，辐射带动蔬菜种植面积 3 000亩以上。

按照东、中、西均衡发展，适度向西部倾斜的原则，蔬菜田头市场分布在华南冬春蔬菜优势区、长江上中游冬春蔬菜优势区、黄土高原夏秋蔬菜优势区、云贵高原夏秋蔬菜优势区、黄淮海与环渤海设施蔬菜优势区、东南沿海出口蔬菜优势区、西北内陆出口蔬菜优势区和东北沿边出口蔬菜优势区。

（二）农产品批发市场

1. 发展现状

农产品批发业是指农产品批发商向批发、零售单位及其他企业、事业、机关批量销售农产品的活动，以及从事进出口贸易和贸易经纪与代理的活动。

农产品批发商可以对所批发的货物拥有所有权，并以本单位、公司的名义进行交易活动；也可以不拥有货物的所有权，而以中介身份做代理销售商；还包括各类商品批发市场中固定摊位的批发活动。截至2014 年，全国农产品批发市场共有2 500多家，其中亿元以上市场有 1 500多家，年成交额达近 3 万亿元。农产品批发市场已覆盖所有大、中、小城市，形成了遍布全国的农产品批发市场网络，基本构建起了贯通全国城乡的农产品流通大动脉，保障了城镇居民 70% 以上的农产品供应。

2. 农产品批发市场特点

通过培育批发交易市场，形成产品集散、信息发布、价格形成中心，促进农产品储存、加工、交易、集散、物流配送等功能的实现，以大市场带动大流通。

（三）农超对接

1. 发展简介

农超对接指的是农户和商家签订意向性协议书，由农户向超市、菜市场和便民店直供农产品的新型流通方式，主要是为优质农产品进入超市搭建平台。

“农超对接”的本质是将现代流通方式引向广阔农村，将千家万户的小生产与千变万化的大市场对接起来，构建市场经济条件下的产销一体化链条，实现商家、农民、消费者共赢。

其优势在于农产品与超市直接对接，市场需要什么，农民就生产什么，既可避免生产的盲目性，稳定农产品销售渠道和价格，同时，还可减少流通环节，降低流通成本，通过直采可以降低流通成本20%～30%，给消费者带来实惠。

2. 流通特点

（1）降低流通成本　与传统的流通方式相比，农超对接回避了从货物流转中赚取差价的各级批发商，同时，减少中间环节，也减轻了货物在流通过程当中的损耗。因此，能降低流通成本。

（2）食品安全更有保障　采用农超对接的方式，是直接去农村合作社、基地进行采购，了解采购源头，因此，在食品安全上更有保障。

（3）产品品质更高　在农超对接的过程中，产生了规模化种植和经营的农业企业，在生鲜农产品的生产、加工、运输、销售环节中制定了较为严格的控制标准，因此，产品品质更高。

（四）农校对接

1. 发展简介

“农校对接”即农产品与高校食堂直接对接，高校食堂需要什么，农民就生产什么，既可避免生产的盲目性，稳定农产品销售渠道和价格，同时，还可减少流通环节，降低流通成本，通过直采可以降低流通成本20%～30%，给学生带来实惠。

2. 流通特点

（1）降低学生食堂的采购成本　通过“农校对接”，减少农产品采购的中间环节，可在较大程度上降低学生食堂的采购成本。

（2）更好地保障食品安全　“农校对接”促进了农民订单式生产，有利于建立可追溯源头的食品安全保障体系，提升农民标准化种植水平，更好地保障食品安全。

(3) 加快农产品现代流通体系建设　有利于加快冷链物流体系的建设规模和速度，提升农民专业合作社发展水平。

(五) 社区直销

1. 发展简介

外埠和本地蔬菜生产基地、农村合作社组织、农产品批发市场建立社区直营菜市场和社区直营菜店，建立完善以规范化社区菜市场为主体，社区菜店、生鲜超市为重要补充，网络直销为新生力量的多业态并存、相互补充、共同发展的格局，提高蔬菜零售网络“便利化、规范化、组织化、现代化”水平。

2. 流通特点

①服务功能稳定、辐射能力较强。

②规范统一、连锁经营。社区菜市场公司化统一管理、统一采购、统一配送，连锁化经营。

③网络组织化、规模化水平较高。

④促进蔬菜生产的品牌化、规模化、商品化。

⑤解决政府对蔬菜零售终端控制力问题。推进社区菜市场产权制度改革，加速推动政府对社区菜市场产权收购和投资入股，从根本上解决政府对蔬菜零售终端控制力问题。

三、蔬菜市场信息的收集与分析

农产品市场信息是指在农产品商品经济活动中，客观描述农产品市场经营活动及其发展变化特征，为解决农产品生产经营、管理和进行市场预测所提供的各种有针对性的，能产生经济效益的知识、消息、数据、情报和资料的总称。用科学的方法和手段收集、整理农产品商品信息，加强对信息的管理和利用，是现代农产品销售与营销管理的重要内容，也是信息工作的基本任务。

（一）农产品市场信息的特征

市场信息的内容包括各个方面，有生产性信息、消费性信息、供给信息、需求信息、金融信息、销售信息、贮存信息等，还有特定信息。所谓特定信息是指以专门进行某项市场调研为目的而收集的有关市场容量、消费需求、社会购买力，消费结构、某产品的市场占有率等方面的信息，这些数据和资料都构成市场信息的基本内容。不论哪一方面内容的市场信息，都具有以下几个基本特征。

（1）市场信息必须产生于市场，即信源应产生于市场　只有市场经济活动所产生的信息才称之为市场信息。

（2）市场信息不一定是指有交易行为的经济活动所产生的信息，市场上的各种经济活动大量的是属于非交易活动　如市场调研、商品实体运作、市场管理等方面的活动，只要是与市场交易有关的那些数据和资料都是重要的市场信息。

（3）市场信息的价值性在于信息的有用性和时效性　同样内容的信息，对于一个具体的企业具体的人来说，有用程度不一样，价值大小也就不同。而传递信息的快慢也反映信息价值的大小。把握信息的时机，传递信息的速度对于企业来说意义非同一般，尤其对于企业的市场营销而言，信息的时效性更为重要。

（4）市场信息具有较强的传递性　市场信息从信源出发，经过信道传递才能被接收并进行处理和运用。

（二）农产品市场信息的内容

1. 农产品供给与需求信息
2. 竞争对手的信息
3. 服务对象的信息
4. 营销网点的信息
5. 营销策略的信息

（三）农产品市场信息收集和处理的原则

1. 实用性

收集、筛选信息的目的就是为了应用信息。因此，信息应具备实用性。它必须为信息拥有者带来明显的经济效益，否则就没有实用价值。

2. 价值性

构成效益的因素很多，同样的信息由于受到地区差异的影响，资源、成本、技术、销路等因素的限制，效益也不一样，应根据自己的实际条件衡量选择。

3. 时效性

时间是信息的生命，信息只能在一定时间内才能有价值。所以，搜集到有用的信息后应准确判断，迅速决策，方能充分发挥信息的作用及潜能。

4. 广泛性

收集信息时尽量全面，不仅收集直接反映市场交易活动的信息，还要收集与市场供求有关的信息。

5. 准确性

收集信息力求准确，能真实反映事物本来面目，避免虚假信息造成决策的失误。

6. 针对性

收集信息要有针对性，紧紧围绕经销收集信息，节省收集信息的时间和耗费。

（四）农产品市场信息的采集方法

1. 询问法

询问法是指调查者通过口头、电讯或书面等方式，向被调查者了解情况、收集资料的调查方法。按调查者与被调查者接触方式的不同，可分为面谈调查、问卷调查、电话调查、留言调查和日记调查等。

2. 观察法

观察法是由调查人员在现场对调查对象的情况直接进行观察记录，取得第一手资料的调查方法。

3. 实践法

实践法是在给定条件下，对市场经济现象中某些变量之间的因果关系及其发展变化过程加以观察分析的调查方法。如某公司为了探明榨菜采用哪种包装推销快、效益好。就选定若干商店在小范围内试销，通过一段时间的对比销售，最终得出结论，小包装榨菜比散装榨菜销售快，效益高。为此，小包装榨菜作为该企业推销的决策依据。

4. 阅读法

阅读法是从报纸、杂志、广告、简报中收集自己需要的信息。

5. 投书法

投书法是给信息咨询有关部门及亲朋好友发信件，请求他们提供有用信息。

6. 收听、收看法

收听、收看法是指经常从听广播、看电视中有关经济栏目或商品广告节目，从中获取自己有用的信息。

7. 购买法

购买法是向信息单位和科研部门有偿索取信息，采取此法收集信息最为及时、准确、有效。

8. 预测法

预测法是根据市场供求规律，预测市场行情的发展趋势，正确进行决策。

9. 采集法

采集法是到全国各地参加多种会议中捕捉信息，此法具有活动范围广、信息传递快、比较准确等特点。

（五）农产品市场信息的分析和筛选

1. 市场信息分析

将不同渠道获得的同一信息进行比较，或者将同一渠道获得不同的信息加以对照，判明信息的真伪。如某农户从他人那里得知某种农产品在批发市场上价格上涨，但又通过电话联系知道该种农产品价格已经回落，就可判断出所听传言不准确，避免了盲目经营。

2. 信息筛选

剔除信息中那些不需要的内容，抓住实质内容。如某人通过听广播得知某城市农产品热销的报道时，立即与自选市场联系，将自己的农产品全部推销出去。

3. 信息综合

从一两条信息中往往只能看到市场变动的一个侧面，只有对多种信息进行综合分析，才能掌握市场动态。如某人从各种媒体上看到城镇居民发展阳台蔬菜势头越来越旺，又从市场调查中得知阳台蔬菜、屋顶蔬菜确实很流行，综合这些信息判断市民缺乏各种优质蔬菜种苗，就专业培育适合城镇居民栽植的蔬菜种苗，再加上微商销售，获得了理想的经济收益。

4. 信息析义

把收集的信息逐条加以分析，从原始信息中得到真正有利用价值的信息。如某人从新闻报道中得知某地发展大棚蔬菜的信息，立即想到蔬菜良种肯定热销，这招果然很灵。

5. 信息推导

从得到的信息进行推理判断，寻找重要的市场机会。如某人得知当地农业部门组织向北京定向销售绿色蔬菜，立即抓住这一机会，数次与有关部门联系，邀请参观自己创办的西红柿专业合作社，争取进京合同，并以优质优价竞争，终于成为进京蔬菜的大户，种菜不愁卖，又得到可观的经济收入。

（六）12316农业综合信息服务平台的使用

该项目是“十二五”期间农业部重点农业信息化项目，于2011年3月由农业部发展计划司批复立项，农业部信息中心承担建设。在市场与经济信息司的指导下，经部省有关农业部门共同努力，顺利完成了全部建设任务。

1. 12316农业综合信息服务平台内容

项目围绕建设一个中央级的农业综合信息服务平台，完成了“一门户、五系统”的开发建设，包括12316农业综合信息服务门户、12316语音平台、12316短彩信平台、农民专业合作社经营管理系统、双向视频诊断系统、12316农业综合信息服务监管平台等应用系统。

该项目建立起了集12316热线电话、网站、电视节目、手机短彩信、移动客户端等于一体，多渠道、多形式、多媒体相结合的12316中央平台。按照“边建设、边应用、边完善”的原则，平台在北京、吉林、辽宁等12个省（区、市）进行了系统示范应用和平台对接。目前，作为农业部机关和部属单位开展业务工作的重要手段，12316短彩信平台已有65家用户注册使用，“中国农民手机报（政务版）”通过该平台每周一、三、五向全国5万余名农业行政管理者发送；农民专业合作社经营管理系统已注册备案合作社8700余家，受到了合作社及农户的广泛欢迎；12316语音平台融合了农业部所有面向社会服务的热线。

2. 12316农业综合信息服务平台的建设意义

项目的建成，开辟了服务“三农”的现代化信息渠道，提升了信息服务质量，实现了信息服务的灵活便捷，取得了良好的社会和经济效益。

①进一步改善了农业信息化基础设施条件。

②有效拓宽了“三农”信息服务的领域和手段。

③促进了农业生产经营管理水平的提高。

④为农技推广和创新提供了有效支撑。

⑤促进了全国农业系统信息资源的共建共享。

⑥为加快推进国家农业信息服务体系建设打下了良好基础。

3. 12316农业综合信息服务平台的作用

从内部来看，信息资源共享程度明显提高，打造了契合农业行业需求的特色应用服务，为农业部门自身业务工作的开展提供了便捷的信息技术手段，为农业部科学决策提供了鲜活、真实、及时的数据支撑，为构建全国“三农”服务云奠定了坚实的基础。

从外部来看，初步形成了以部级中央平台为支撑监管、省级平台为应用保障、县乡村级平台为服务延伸的全国12316农业综合信息服务平台体系，为及时了解农业生产经营过程中产生的热点问题和各种诉求提供了快捷、畅通的渠道，为各涉农主体及时获取信息、开展农业生产经营活动提供了先进实用的信息化平台工具，有力促进了农业技术的推广和农业生产经营管理水平的提升。

目前，12316服务已经基本覆盖全国农户，成为农业信息服务的品牌和标志，被喻为农民和专家的直通线、农民和市场的中继线、农民和政府的连心线。

4. 12316农业综合信息服务平台的使用方法

（1）电话查询　用户拨打电话号码“12316”，在语音提示下键入相应的拨号键，话务员根据用户咨询问题的类别，连线相关专家，由专家为用户直接提供服务。

（2）互联网查询　在电脑地址栏输入“http：//12316. hzs. agri. cn/”或“12316农业综合信息服务平台”进入门户网站，问专家、查价格、找商机、学技术、求职招聘、企业展示、网站广告。

（3）电视查询　用户通过党员远程教育平台，利用电视可以点播、定制个性化科普知识、农业信息、影视娱乐节目等。

四、农产品行业协会和农产品经纪人的作用

（一）农产品行业协会的作用

农产品行业协会是由涉农企事业单位、农民专业合作组织、专业大户等根据生产经营活动的需要，为增进共同利益、维护合法权益，在自愿基础上依法组织起来的非营利性自治组织，属于经济类社团法人。在许多方面都发挥了重要作用。但是，从总体而言，其功能可以概括为以下 4 个方面。

（1）行业服务　为会员和行业提供服务是农产品行业协会成立的宗旨，也是农产品行业协会四项职能中最基本的职能。行业服务一般包括以下几个方面：通过对市场信息的收集、整理和分析，为会员提供行业发展动态、产销信息以及质量技术标准等；通过举办各种行业展览、展销会，开展行业间的国内外交流与合作，帮助会员单位开拓国内外市场；创办行业刊物和网站，开展行业信息交流和宣传；组织行业技术培训和职称评定，举办有关行业发展的报告会、研讨会；开展国内外市场调查以及法律与政策咨询服务等。

（2）行业自律　行业自律是指从事同一行业的经营主体共同制定行业规则，以此约束自己的行为，实现行业的共同利益。行业自律具体包括组织制定行规行约，规范行业行为；制定各种议事程序和仲裁规则；对会员企业的产品质量、信用和资质等级进行行业评定；对违规会员实施行业处罚等。行业自律中最主要的内容是通过制定行规行约进行行业治理。通过制定行业规则进行自律管理，是农产品行业协会最基本的行业治理方式。江苏省是紫菜生产大省，其紫菜产品在国际紫菜交易额中占 40% 以上。为了规范紫菜产品的交易行为，2003 年，江苏省紫菜协会以股份制形式在全省 3 个主要产区建立了紫菜交易市场，并在借鉴国外紫

菜交易规则的基础上结合省情，制定了《江苏省紫菜交易市场交易规则》(以下简称《规则》)，使紫菜交易由讨价还价、协议成交等方式进入了由协会统一协调和管理、适应国际贸易要求的招投标竞卖方式。《规则》规定，全省干紫菜只能在三大交易市场统一销售；会员单位在任何情况下都不允许直接进行私下场外交易；对于违规行为给予相应处罚。

(3) 行业代表　行业代表即行业协会代表会员和行业的利益向政府以及有关组织和机构提出诉求。具体包括向政府及有关组织反映行业的意见和呼声，参加政府组织的影响行业利益的听证会等；组织企业进行反倾销应诉；代表企业提起反倾销、反补贴诉讼，或向政府提出贸易壁垒调查等。

(4) 行业协调　行业协调是农产品行业协会治理机制的重要内容。行业协调主要包括协调会员企业之间的利益关系；协调会员与非会员、会员与消费者以及其他社会组织之间的关系；协调行业价格，维护公平的竞争环境和市场秩序。对于同质性企业，它们之间的关系通常表现为竞争关系，协会的作用就是协调企业的行为，使相互之间的竞争关系变为合作关系。为避免因价格竞争而导致的利益外溢，形成行业指导价格或价格协议是企业之间通常采取的合作方式。例如：中国食土商会所属大蒜、禽肉等分会，在会员企业的充分参与下制定了本行业的最低出口价格，对于治理低价竞销起了很大的作用。对于处于不同产业环节的企业，例如，会员既有生产企业，也有购销企业，协会的作用则是协调不同环节之间的经济利益，使它们相互之间的利益分配大体维持在一个双方满意的均衡点上。

(二) 农产品经纪人的作用

农产品经纪人是指从事农产品收购、储运、销售以及销售代理、信息传递、服务等中介活动而获取佣金或利润的经纪组织和个人。主要作用表现如下。

1. 加快农产品商品化的速度

促进农村的资源优势快速转化为商品优势。农产品经纪人可以把本地的农产品资源介绍给市场，把市场需求和本地生产紧密连接起来，在本地形成强大的商品优势，使资源优势能快速转化为市场优势。

2. 调整农业产业的结构

农产品经纪人掌握着农产品的供求状况，担负着农产品市场变化的信息传递任务，对农业生产起着一定的引导作用，使农业的产业结构顺应市场发展趋势而逐渐趋于合理。而且可以把零散的农产品集中起来进行交易，从而加快农业产业化的经营。

3. 更新农民生产经营观念

无论是农产品的生产、包装，还是储运、销售等方面，农产品经纪人都可以了解到最新的符合时代要求的做法。因此，农产品经纪人往往有着较强的市场经济意识，一定的组织能力。以经纪人的行为和观念作为先导，把新的信息，好的观念带到农村，传给农民，培养和加强农民的市场意识，使农产品更快、更好地走向市场。

【思考与练习】

1. 简述农产品商品化生产特点、消费特点和营销特点
2. 我国现阶段农产品流通的主渠道有哪些？特点是什么
3. 如何有效收集和筛选农产品市场信息
4. 蔬菜产品营销的主要策略是什么
5. 农产品行业协会的作用有哪些
6. 农产品经纪人有哪些重要作用

模块三　蔬菜规模化生产的生态环境

【学习目标】

1. 了解规模化蔬菜生产基地的基本要求
2. 掌握蔬菜规模化生产大田土壤改良技术

一、无公害蔬菜生产基地的基本要求

无公害蔬菜生产基地应选建在基本没有环境污染、交通方便、地势平坦、土壤肥沃、排灌条件良好的蔬菜主产区、高产区或独特的生态区。基地的灌溉水和大气等环境均无受到工业“三废”及城市污水、废弃物、垃圾污泥及农药、化肥的污染或威胁。

（一）无公害蔬菜生产基地灌溉水质要求

无公害蔬菜生产基地灌溉水质应符合表1规定。

表1　无公害蔬菜灌溉水质指标　　（单位：mg/L）

项目	指标
pH 值	5.5~8.5
氯化物	250
氰化物	0.5
氟化物	3.0
总汞	0.001
总铅	0.1
总砷	0.05
总镉	0.005
六价铬	0.1

（二）无公害蔬菜生产基地环境空气质量要求

无公害蔬菜生产基地环境空气质量应符合表2规定。

表2 无公害蔬菜生产基地环境空气质量指标

项目	日平均浓度	实测浓度	单位
总悬浮颗粒物	0.30		mg/m³（标准状态）
二氧化硫	0.15	0.50	
氮氧化物	0.10	0.15	
铅	1.50		μg/m³（标准状态）
氟化物	5.0		μg/m²·日

（三）无公害蔬菜生产基地土壤环境质量要求

无公害蔬菜生产基地环境质量要求应符合表3规定。

表3 无公害蔬菜生产基地土壤环境质量指标

（单位：mg/kg）

项目	指标		
pH值	<6.5	6.5～7.5	>7.5
镉	0.30	0.30	0.60
汞	0.30	0.50	1.0
砷	40	30	25
铅	250	300	350
铬	150	200	250
六六六		0.50	
滴滴涕		0.50	

二、绿色蔬菜生产基地的基本要求

为保证绿色食品的质量，合理选择符合绿色食品生产要求的环境条件，防止人类生产和生活活动产生的污染对绿色食品产地的影响，促进生产者通过综合措施增施改进土壤肥力，特制定《绿色食品产地环境质量标准》（NY/T 391—2000）。绿色蔬菜生产基地按照产地环境质量标准建设管理。

（一）绿色食品生产基地的环境质量要求

（1）绿色食品生产基地应选择在无污染和生态条件良好的地区　绿色食品初级产品或加工产品的主要原料产地，其生长区域内没有工业企业的直接污染，水域上游和上风口没有污染源对该区域构成污染威胁，使产地区域内的大气、土壤质量及水体（灌溉用水、养殖用水质量）等生态因子符合绿色食品产地生态环境质量标准。

（2）基地选点　应远离工矿区和公路铁路干线，避开工业和城市污染源的影响。

（3）绿色食品生产基地　应具有可持续的生产能力。

（二）绿色食品产地环境质量现状评价因子

为有效贯彻和实施《绿色食品产地环境技术条件》（NY/T 391—2000），中国绿色食品发展中心依据《绿色食品标志管理办法》及有关规定的要求，配套编写了《绿色食品产地环境质量现状评价导则》，规范绿色食品产地环境质量现状调查、监测、评价的原则、内容和方法，科学、正确地评价绿色食品产地环境质量，为绿色食品认证提供科学依据。

1. 空气环境质量要求

绿色食品产地空气中各项污染物含量不应超过表 4 所列的浓

度值。

表 4　绿色蔬菜生产基地环境空气质量指标

项目	日平均浓度	1 小时平均	单位
总悬浮颗粒物（TSP）	0.30		mg/m^3（标准状态）
二氧化硫（SO_2）	0.15	0.50	
氮氧化物（NO_X）	0.10	0.15	
氟化物（F）	7	20	μg/m^3（标准状态）
	1.8（挂片法）		μg/m^2·日

2. 农田灌溉水质要求

绿色食品产地农田灌溉水中各项污染物含量不应超过表 5 所列的浓度值。

表 5　绿色蔬菜灌溉水质指标　　（单位：mg/L）

项目	指标	备注
pH 值≤	5.5～8.5	
氯化物	250	
氰化物	0.5	
氟化物	2.0	
总汞	0.001	
总铅	0.1	
总砷	0.05	
总镉	0.005	
六价铬	0.1	
粪大肠菌群	10 000（个/L）	灌溉菜园用的地表水需测粪大肠菌群，其他情况不测粪大肠菌群

3. 土壤环境质量要求

本标准将土壤按耕作方式的不同分为旱田和水田两大类，每类又根据土壤 pH 值的高低分为 3 种情况，即 pH < 6.5，pH =

6.5～7.5，pH >7.5。绿色食品产地各种不同土壤中的各项污染物含量不应超过表6所列的限值。

表6　绿色蔬菜生产基地土壤环境质量指标（单位：mg/kg）

项目	旱田			水田		
pH值	<6.5	6.5～7.5	>7.5	<6.5	6.5～7.5	>7.5
镉	0.30	0.30	0.4	0.25	0.30	0.35
汞	0.25	0.30	0.35	0.30	0.40	0.40
砷	25	20	20	20	20	15
铅	50	50	50	50	50	50
铬	120	120	120	120	120	120
铜	50	60	60	50	60	60

4. 土壤肥力要求

为了促进生产者增施有机肥，提高土壤肥力，生产AA级绿色食品时，转化后的耕地土壤肥力要达到绿色食品产地土壤肥力分级1～2级指标。生产A级绿色食品时，土壤肥力作为参考指标。

三、改良蔬菜生产田土壤环境

土壤是蔬菜优质高产最重要的物质基础，做好菜地土壤的改良是生产绿色蔬菜产品的关键环节，对于促进蔬菜规模化生产经营具有重要意义。

1. 改善土壤物理条件

菜地建设首先要考虑到地势平坦，沟、渠、路配套和良好的水源条件，同时要建好灌溉和排水设施，以便能做到灌得上、排得出，防止旱涝灾害。蔬菜基地一般比较集中，田块较大，特别是近年来由粮田开发的蔬菜基地，大多地势低洼，地下水位较高，常因土壤排水能力差造成渍害。因此，这样的菜地要采用缩短畦长、高畦深沟种植，做到畦沟、腰沟、围沟三沟相配套，达到沟、渠相通、旱能灌、涝能排、排灌自如的标准，保证蔬菜正常生长。对于地势较高或水源不足的菜地，可采用渗灌、滴灌、喷灌等节水灌溉技术，既能提高水的利用率，又可避免因漫灌对菜地土壤环境的损害。

2. 深耕改土，创造深厚疏松耕作层

蔬菜根系发达，生长发育需有一个深厚疏松的耕层，这就要求种菜时严格耕作技术，精心整地。耕作的目的是为了改变土壤的板结状况和土壤环境，创造适应蔬菜生长所需的深厚疏松的耕作层（菜地耕作层的厚度应在20cm以上），以改善蔬菜生长发育的土壤环境与营养条件。因此，菜地土壤应在施足有机肥料的基础上，逐年加深耕作层，一般2~3年深耕或深翻1次（30~40cm），并做到熟土在上、生土在下、不乱土层。深耕、深翻时，要注意适墒，防止烂耕烂整，破坏土壤结构。菜地要讲究整地质量，达到深、松、细、平的标准，要求土壤上层疏松绒细，下层沉实无暗垡僵块，以利于蔬菜根系舒展，扩大营养范围，更好地发挥土壤的肥力。整地的方法，选择适宜的墒情，先施好有机肥料，然后深翻15~20cm，埋严埋实地面杂草残叶和肥料，在适墒条件下，将土块耙碎整平，达到上虚下实、绒土多、无暗垡、土块大小均匀、畦面平整的标准。蔬菜直播的地块要求土粒更细，按照品种要求开好畦、沟，达到高畦深沟、沟渠相通、排灌顺畅。

3. 合理轮作，改良土壤结构

蔬菜的生长期较短，一年中换茬频繁，根系活动对土壤的影响尤为强烈。因此，应制定合理的轮植计划，如豆科类蔬菜与非豆科类蔬菜、深根类与浅根类蔬菜交替种植，对养分要求有较大差异且不易发生同种病虫害的蔬菜品种搭配轮流栽培，以便于合理利用土壤养分，加速土壤结构改良，防止病虫害，为提高蔬菜品质奠定基础。可采用以下2种轮作方法：一是第1年栽茄果类、秋冬大白菜；第 2 年栽瓜类、萝卜莴笋；第 3 年栽豆类、甘蓝、白菜；第 4 年栽茄果类。二是第 1 年栽豆类、秋冬大白菜；第 2 年栽茄果类、根菜类、茎菜类；第 3 年栽瓜类、甘蓝、葱蒜类；第 4 年栽豆类。以上各轮作方法所种植的品种每年要建立田间档案，供下年度确定种植品种时参考。

4. 增施有机肥料，培肥土壤地力

增施有机肥料是改良土壤、培肥地力的关键措施。有机肥料来源广泛，种类繁多，如人畜粪便、饼肥、绿肥、塘泥肥、作物秸秆等，几乎含有一切有机肥物质、并能提供多种养分的材料，均可用来制作有机肥。施用有机肥可提高蔬菜产量、改善产品品质，还可降低成本，减少能源消耗，改善生态环境。但是有机肥必须经过沤制、堆积发酵、腐熟处理后方可施用，未经处理的有机肥料含有多种病菌和寄生虫，容易传播疾病，污染环境，危害蔬菜正常生长。有机肥一般作为基肥施用，如果肥料数量多，可结合土壤耕翻撒施，深翻入土，与土壤混合均匀。如果有机肥料数量少，可在蔬菜播种前撒施于畦面，随后翻入土中混合均匀；也可在做畦前，在蔬菜种植行上挖沟或挖穴，把肥料施入到沟内或穴内后再做畦和起垄。有机肥料施用量一般每亩地不少于 3 000kg。

5. 科学施肥，提高蔬菜品质

蔬菜生产过程中，要保证蔬菜产品的质量和产量，就必须讲究施肥方法。

（1）多施有机肥、少施化肥　施用充足的有机肥，在改良土壤的同时，能不断供给蔬菜整个生育期对养分的需要，有利于蔬菜品质的提高。适量补充少量的化肥，有助于蔬菜生长速度快、产量高，但要严格控制化肥用量，一般菜地施纯氮量应控制在每亩地 15kg 之内（折合尿素每亩地 25kg 左右），并要深施 10cm 以下土层。

（2）重施基肥、少施追肥　蔬菜生产要施足基肥，控制追

肥。一般蔬菜整个生育期的总需肥量的2/3作基肥，1/3作追肥。

(3) 因地、因苗、因季节而异施肥　不同土质、不同苗情、不同季节应采用不同的施肥方法和施肥种类，一般低肥力菜地，可用有机肥和化肥培肥地力。砂土菜地由于保肥保水性较低，可适当增加追肥的次数。黏土菜地由于保肥保水性较好，可增加基肥的用量，减少追肥的次数。蔬菜苗期少量施用化肥利于早发快长，后期尽量少用化肥。

(4) 选择适宜的生物肥料　生物肥料即微生物肥料，包括细菌肥料和抗生菌肥料，也是蔬菜生产比较理想的辅助肥料，生物肥料使用时不污染环境，对人畜和植物无害且肥效持久，并可增加蔬菜的抗病能力，是当前绿色食品蔬菜提倡使用的肥料。但需要注意的是，生物肥料具有选择性作用，如大豆根瘤菌只能在大豆上使用，不能用于其他豆科作物。当前市场上出售的生物肥料品种繁杂，如根瘤菌肥、固氮菌肥、磷细菌肥、生物钾肥、复合微生物肥等，一定要因蔬菜品种而异，选择适宜的生物肥料。

【思考与练习】

1. 建立无公害蔬菜和绿色蔬菜生产基地的条件
2. 结合当地实际情况，制定菜田土壤改良方案

模块四　制订蔬菜规模化生产计划

【学习目标】

1. 了解规模化蔬菜生产的栽培制度
2. 掌握蔬菜规模化生产季节茬口安排
3. 掌握蔬菜规模化生产土地利用茬口安排

一、蔬菜的栽培制度

蔬菜的栽培制度是指在一定的时间内，在一定的土地面积上各种蔬菜安排布局的制度。它包括因地制宜地扩大复种，采用轮作、间、混、套作等技术来安排蔬菜栽培的次序，并配以合理的施肥和灌溉制度、土壤耕作和休闲制度。通常的“茬口安排”系栽培制度设计的俗称。

（一）连作及其危害

连作是在同一块土地上不同年份内连年栽培同一种蔬菜。一年一茬的连作如第一年栽培辣椒，第二年还是辣椒；一年多茬的连作如第一年春夏种辣椒，秋季种植花椰菜，第二年春夏季再种辣椒。

连作会造成土壤内营养元素的失调，地力得不到充分利用；病虫害的逐年加重。土壤中有毒物质或有害物质积累，对土壤微生物及蔬菜自身都会产生抑制作用；导致土壤 pH 值的连续上升或者下降。

（二）轮作及其原则

1. 轮作

轮作指在同一块菜田上，按一定的年限轮换种植几种性质不同的蔬菜，也称换茬或倒茬。一年单主作区即为不同年份栽种不同种类的蔬菜；一年多主作区则是以不同的多次作方式，在不同年份内轮流种植。

轮作对于合理利用土壤肥力，减轻病虫害，提高土地利用率都有显著作用。

由于蔬菜种类多，且每类蔬菜多具有相同的特性，因此要将各类蔬菜分类轮流栽培，如白菜类、根菜类、葱蒜类、茄果类、瓜类、豆类等。同类蔬菜集中于同一区域，不同类的同科蔬菜也不宜相互轮作，如番茄和马铃薯。绿叶菜类的生长期短，应配合在其他作物的轮作区中栽培，不独占一区。

2. 轮作原则

(1) 吸收土壤营养不同，根系深浅不同的蔬菜互相轮作　如叶菜类（吸 N 多）→根茎类（吸 K 多）→果菜类（吸 P 多）；根菜类、果菜类（除黄瓜）深根作物与叶菜类及葱蒜类浅根作物轮作。

(2) 互不传染病虫害　同科作物往往病虫害易互相传染，应避免同科连作。

(3) 有利于改进土壤结构，提高土壤肥力　在轮作系中配合豆科、禾本科，接着禾本科种植需 N 多的白菜类、茄果类、瓜类，往后是需 N 较少的根菜类和葱蒜类，最后种植豆类。薯芋类栽培需深耕培土多肥，其杂草少，余肥多，也是改进土壤的作物。瓜类和韭类也能遗留较多的有机质，改进土壤。

(4) 注意不同蔬菜对土壤 pH 值的要求　各种蔬菜对土壤 pH 值的适应性不同，轮作时应注意。如甘蓝、马铃薯能增加酸性，而玉米、南瓜等能降低酸性，所以对土壤酸性敏感的洋葱等作物，作为玉米、南瓜的后作可获高产，作为甘蓝的后作则减产。

(5) 考虑到前作对杂草的抑制作用　如胡萝卜、芹菜等生长缓慢，易草荒；葱蒜类、根菜类也易受到杂草危害；而南瓜、冬瓜等对杂草抑制作用较强，甘蓝、马铃薯等也易于消除草荒，所以可以相互轮作。

3. 轮作与连作的年限

根据轮作原则，蔬菜种类不同而轮作年限也不同。如白菜、芹菜、甘蓝、花椰菜等在没有严重发病的地块上可以连作几茬，但需增施有机肥。需 2 ~ 3 年轮作的有马铃薯、黄瓜、辣椒等；需 3 ~ 4 年轮作的有番茄、大白菜、茄子、甜瓜、豌豆等；需 6 ~ 7 年以上轮作的如西瓜等。一般地，十字花科、伞形科等较耐连作，但以轮作为佳；茄科、葫芦科、豆科、菊科连作危害大。

轮作虽有许多优点，但蔬菜生产不可能都实行轮作，连作制度尚不能完全废弃，这就需根据蔬菜种类确定连作年限。黄瓜病虫害较多，连作不可超过 2 ~ 3 年，3 年后一定要另种其他蔬菜；大白菜由于需求量多，栽培面积大，虽然病害较重，仍需部分连作，但连作限度不应超过 3 ~ 4 年；葱蒜类忌连作。

（三）间、混、套作

1. 间混套作的意义

两种或两种以上的蔬菜隔畦、隔行或隔株同时有规则地栽培在同一地块上，称为间作；不规则地混合种植，称为混作。在前作蔬菜的生长发育后期，在其行间或株间种植后作蔬菜，前、后两作共同生长的时间较短，称为套作。

合理间、混、套作，就是把两种或两种以上的蔬菜，根据其不同的生理生态特征，发挥其种类间互利因素，组成一个复合群体，通过合理的群体结构，增加单位土地面积上的植株总数。更有效地利用光能与地力，时间与空间，造成互利的环境，乃至于减轻杂草病虫等的危害。所以，间混套作是增加复种指数，提高单位面积产量，增加经济效益的一项有效措施，也是我国蔬菜栽培制度的一个显著特点。

2. 实施间混套作时掌握原则

（1）合理搭配蔬菜的种类和品种　高矮结合，如黄瓜与辣椒间作；直立叶型与水平叶型相搭配，如葱蒜与菠菜间作；深根性与浅根性种类相搭配，如茄果类与叶菜类间套作；早晚结合，如叶菜类与黄瓜间套作；喜强光蔬菜与耐荫蔬菜相搭配，如黄瓜与

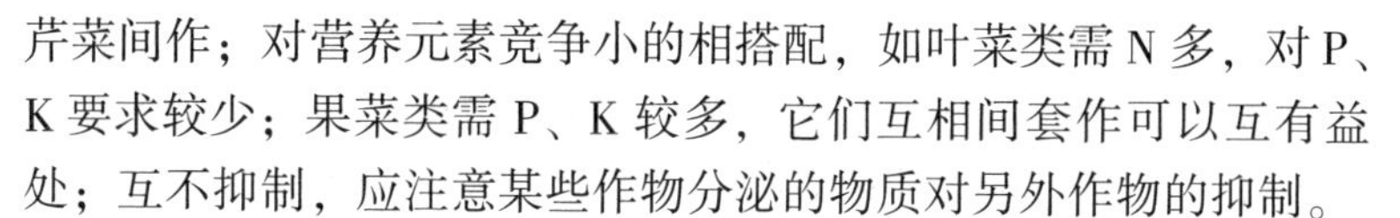

芹菜间作；对营养元素竞争小的相搭配，如叶菜类需N多，对P、K要求较少；果菜类需P、K较多，它们互相间套作可以互有益处；互不抑制，应注意某些作物分泌的物质对另外作物的抑制。

（2）合理安排田间结构　间、混、套作后，单位面积植物总株数增加，所以，要处理好作物间争光线、争空间和争肥水的矛盾。主要做到以下3点，第一分清主副、合理配置，主副作的比例要得当，使二者均能获得良好的生长发育条件，可在保证主作密度与产量的前提下，适当提高副作的密度与产量。但不能让副作干扰主作；第二合理安排株行距，高矮结合时，矮生作物种植幅度适当加宽，高秆植作物适当幅度变窄，缩小株距，充分发挥边际效应；第三合理安排共生期，主副作共生期越长相互竞争越激烈，可利用各种措施缩短共生期。如间作者同期播种或定植，但主副作的收获期可以不同。套作前茬利用后茬的苗期，不影响自身的生长；后茬利用前茬的后期，不妨碍壮苗。有时前作为后作的萌发出苗保苗创造了良好的条件。

（3）采取相应的栽培技术措施　间混套作要求比较高的劳力、肥料和技术等条件。如间作中各种条件跟不上，副作采收又不及时，会降低主作产量。套作可利用空间，而且也可利用时间，增加复种。复种指数的增加，等于扩大了土地面积，这种制度最适于近郊人多地少，肥源充足的地方。

（四）多次作

同一块土地上一年内连续栽培多种蔬菜，可以收获多次的，称为多次作或复种制度。在一年的整个生长季节或一部分季节内连续栽培同一种蔬菜，称为重复作。合理安排蔬菜的多次作，并尽可能结合间、套作方式，是提高菜田光能和土地利用率，实现周年均衡供应、高产稳产和品种多样化的有效途径。

多次作制度通常从两个方面来理解其含义。从狭义上说，是在固定的土地面积上，在一年的生产季节中，连续栽培蔬菜的茬次。如一年二熟、二年五熟、一年三熟等。从广义上讲，是在一个地域内，在一年的生产季节中，连续栽培蔬菜的季节茬数。如越冬茬、春茬、夏茬、秋茬等。通常前者称为“土地（利用）茬口”，后者称为“（生产）季节茬口”。二者在生产计划中共同组成完整的栽培制度。

各地的多次作制度基本可反映该地的自然条件、经济条件和耕作技术水平，也反映出菜田利用的程度。通常以“复种指数”作为度量菜田利用程度的指标。复种指数是指一年内土地被重复利用的平均次数，可用当地的栽培面积除以耕地面积计算。

二、露地蔬菜栽培季节的确定方法

蔬菜的栽培季节是指从种子直播或幼苗定植到产品收获完毕为止的全部占地时间而言。对于先在苗床中育苗，后定植到菜田中的，因苗期不占大田面积，苗期可不计入栽培季节。

（一）露地蔬菜栽培季节的确定方法

1. 根据蔬菜的类型来确定栽培季节

耐热以及喜温性蔬菜的产品器官形成期要求高温，故一年当中，以春夏季的栽培效果为最好。

喜冷凉的耐寒性蔬菜以及半耐寒性蔬菜的栽培前期对高温的适应能力相对较强，而产品器官形成期却喜欢冷凉，不耐高温，故该类蔬菜的最适宜栽培季节为夏秋季。北方地区春季栽培时，往往因生产时间短，产量较低，品质也较差。另外选择品种不当或栽培时间不当时，还容易出现提早抽薹问题。

2. 根据市场供应情况来确定栽培季节

要本着有利于缩小市场供应的淡旺季差异、延长供应期的原则，在确保主要栽培季节里的蔬菜生产同时，通过选择合适的蔬菜品种以及栽培方式，在其他季节里，也安排一定面积的该类蔬菜生产。近几年来，北方地区兴起的大白菜和萝卜春种、西葫芦

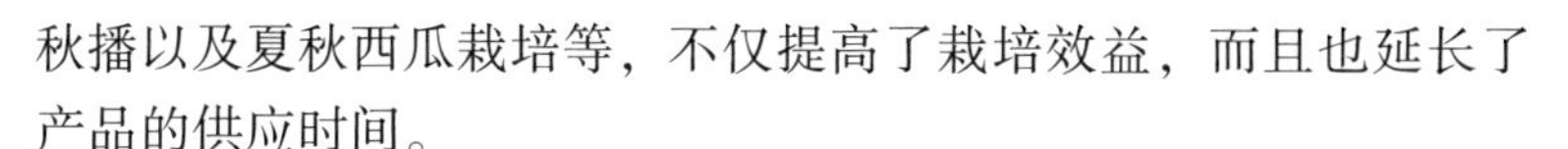

秋播以及夏秋西瓜栽培等，不仅提高了栽培效益，而且也延长了产品的供应时间。

3. 根据生产条件和生产管理水平来确定栽培季节

如果当地的生产条件较差、管理水平不高，应以主要栽培季节里的蔬菜生产为主，确保产量和质量；如果当地的生产条件好、管理水平较高，就应适当加大非主要栽培季节里的蔬菜生产规模，增加淡季蔬菜的供应量，提高栽培效益。

（二）设施蔬菜栽培季节的确定方法

1. 根据设施类型来确定栽培季节

不同设施的蔬菜适宜生产时间不同，对于温度条件好，可周年进行蔬菜生产的加温温室以及改良型日光温室（有区域限制），其栽培季节确实比较灵活，可根据生产和供应需要，随时安排生产。温度条件稍差的普通日光温室、塑料拱棚、风障畦等，栽培喜温蔬菜时，其栽培期一般仅较露地提早和延后 15 ~ 40 天，栽培季节安排受限制比较大，多于冬春播种或定植，初夏收获，或夏季播种、定植，秋季收获。

2. 根据市场需求来确定栽培季节

设施蔬菜栽培应避免其主要产品的上市期与露地蔬菜发生重叠，尽可能地把蔬菜的主要上市时间安排在国庆节至来年的“五一”国际劳动节期间。在具体安排上，温室蔬菜应以 1—2 月份为主要上市期，普通日光温室与塑料大拱棚应以 3—5 月和 9—12 月为主要的上市期。

三、蔬菜茬口安排

（一）茬口安排的一般原则

1. 要有利于蔬菜生产

要以当地的主要栽培茬口为主，充分利用有利的自然环境，创造高产和优质，同时降低生产成本。

2. 要有利于蔬菜的均衡供应

同一种蔬菜或同一类蔬菜应通过排开播种，将全年的种植任务分配到不同的栽培季节里进行周年生产，保证蔬菜的全年均衡供应。要避免栽培茬口过于单调，生产和供应过于集中。

3. 要有利于提高栽培效益

蔬菜生产投资大，成本高，在茬口安排上，应根据当地的蔬菜市场供应情况，适当增加一些高效蔬菜茬口以及淡季供应茬口，提高栽培效益。

4. 要有利于提高土地的利用率

蔬菜的前后茬口间，应通过合理的间、套作，以及育苗移栽等措施，尽量缩短空闲时间。

5. 要有利于控制蔬菜的病虫害

同种蔬菜长期连作，容易诱发并加重病虫害。因此，在安排茬口时，应根据当地蔬菜生产的季节性比较强，适宜的栽培季节因栽培方式、蔬菜的种类、市场需求以及生产条件等不同而异。露地蔬菜应将所种植蔬菜的整个栽培期安排在其能适应的温度季节里，而将产品器官形成期安排在温度条件最为适宜的月份里；设施蔬菜栽培应将所种植蔬菜的整个栽培期安排在其能适应的温度季节里，而将产品器官形成期安排在该种蔬菜的露地生产淡季或产品供应淡季里。

（二）露地蔬菜茬口

1. 季节茬口

（1）越冬茬　秋季露地直播，或秋季育苗，冬前定植，来年早春收获上市。越冬茬是北方地区的一个重要栽培茬口，主要栽培一些耐寒或半耐寒性蔬菜，如菠菜、莴苣、分葱、韭菜等，在解决北方春季蔬菜供应不足中有着举足轻重的作用。

（2）春茬　春季播种，或冬季育苗，春季定植，春末或夏初开始收获，是夏季市场蔬菜的主要来源。适合春茬种植的蔬菜种类比较多，而以果菜类为主。耐寒或半耐寒性蔬菜一般于早春土壤解冻后播种，春末或夏初开始收获，喜温性蔬菜一般于冬季或早春育苗，露地断霜后定植，入夏后大量收获上市。

（3）夏茬 春末至夏初播种或定植，主要供应期为8—9月。夏茬蔬菜分为伏菜和延秋菜两种栽培形式。伏菜是选用栽培期较短的绿叶菜类、部分白菜类和瓜类蔬菜等，于春末至夏初播种或定植，夏季或初秋收获完毕，一般用作加茬菜。延秋菜是选用栽培期比较长、耐热能力强的茄果类、豆类等蔬菜，进行越夏栽培，至秋末结束生产。

（4）秋茬 夏末初秋播种或定植，中秋后开始收获，秋末冬初收获完毕。秋茬蔬菜主要供应秋冬季蔬菜市场，蔬菜种类以耐贮存的白菜类、根菜类、茎菜类和绿叶菜类为主，也有少量的果菜类栽培。

2. 露地蔬菜土地利用茬口

（1）一年两种两收 一年内只安排春茬和秋茬，两茬蔬菜均于当年收获为一年二主作菜区的主要茬口安排模式。蔬菜生产和供应比较集中，淡旺季矛盾也比较突出。

（2）一年三种三收 在一年两种两收茬口的基础上，增加一个夏茬，蔬菜均于当年收获。该茬口种植的蔬菜种类丰富，蔬菜生产和供应的淡旺季矛盾减少，栽培效益也比较好，但栽培要求比较高，生产投入也比较大，生产中应合理安排前后季节茬口，不误农时，并增加施肥和其他生产投入。

（3）两年四种四收 在一年三种三收茬口的基础上，增加一个越冬茬。增加越冬茬的主要目的是解决北方地区早春蔬菜供应量少，淡季突出的问题。

（三）设施蔬菜茬口

1. 季节茬口

（1）冬春茬 中秋播种或定植，入冬后开始收获，来年春末结束生产，主要栽培时间为冬春两季。冬春茬为温室蔬菜的主要栽培茬口，主要栽培一些结果期比较长、产量较高的果菜类。在冬季不甚严寒的地区，也可以利用日光温室、阳畦等对一些耐寒性强的叶菜类，如韭菜、芹菜、菠菜等进行冬春茬栽培。冬春茬蔬菜的主要供应期为1—4月。

（2）早春茬　冬末早春播种或定植，4月前后开始收获，盛夏结束生产。春茬为温室、塑料大棚以及阳畦等设施的主要栽培茬口，主要栽培一些效益较高的果菜类以及部分高效绿叶蔬菜。在栽培时间安排上，温室一般于2—3月定植，3—4月开始收获；塑料大拱棚一般于3—4月定植，5—6月开始收获。

（3）夏秋茬　春末夏初播种或定植，7—8月收获上市，入冬前结束生产。夏秋茬为温室和塑料大拱棚的主要栽培茬口，利用温室和大棚空间大的特点，进行遮阳栽培。主要栽培一些夏季露地栽培难度较大的果菜及高档叶菜等，在露地蔬菜的供应淡季收获上市，具有投资少、收效高等优点，较受欢迎，栽培规模扩大较快。

（4）延秋茬　7—8月播种或定植，8—9月开始收获，可供应到11—12月。秋茬为普通日光温室及塑料大拱棚的主要栽培茬口，主要栽培果菜类，在露地果菜供应旺季后、加温温室蔬菜大量上市前供应市场，效益较好。但也存在着栽培期较短，产量偏低等问题。

（5）秋冬茬　8月前后育苗或直播，9月定植，10月开始收获，来年的2月前后拉秧。秋冬茬为温室蔬菜的重要栽培茬口之一，是解决北方地区“国庆”至“春节”阶段蔬菜（特别是果菜）供应不足所不可缺少的。该茬蔬菜主要栽培果菜类，栽培前期温度高，蔬菜容易发生旺长，栽培后期温度低、光照不足，容易早衰，栽培难度比较大。

（6）越冬茬　晚秋播种或定植，冬季进行简单保护，来年春季提早恢复生长，并于早春供应。越冬茬是风障畦蔬菜的主要栽培茬口，主要栽培温室、塑料大拱棚等大型保护设施不适合种植的根菜、茎菜以及叶菜类等，如韭菜、芹菜、莴苣等，是温室、塑料大拱棚蔬菜生产的补充。

2. 设施蔬菜土地利用茬口

（1）一年单种单收　主要是风障畦、阳畦及塑料大拱棚的茬口。风障畦和阳畦一般在温度升高后或当茬蔬菜生产结束后，撤掉风障和各种保温覆盖，转为露地蔬菜生产。在无霜期比较短的地区，塑料大拱棚蔬菜生产也大多采取一年单种单收茬口模式；在一些无霜期比较长的地区，也可选用结果期比较长的晚熟蔬菜品种，在塑料大拱棚内进行春到秋高产栽培。

（2）一年两种两收　主要是塑料大拱棚和温室的茬口。塑料大拱棚（包括普通日光温室）主要为"春茬—秋茬"模式，两茬口均在当年收获完毕，适宜于无霜期比较长的地区。温室主要分为"冬春茬—夏秋茬"和"秋冬茬—春茬"两种模式。该茬口中的前一季节茬口通常为主要的栽培茬口，在栽培时间和品种选用上，后一茬口要服从前一茬口。为缩短温室和塑料大棚的非生产时间，除秋冬茬外，一般均应进行育苗移栽。

【思考与练习】

1. 简述蔬菜生产制度
2. 结合当地实际情况，制订一套露地蔬菜生产计划
3. 结合当地实际情况，制订一套设施地蔬菜生产计划

模块五　蔬菜穴盘工厂化育苗

【学习目标】

1. 了解穴盘育苗的设备
2. 掌握育苗基质的配制技术
3. 掌握工厂化育苗的管理技术
4. 了解工厂化育苗的营销策略

一、穴盘工厂化育苗流程

在日光温室内因地制宜地进行蔬菜穴盘工厂化育苗，能大量集中供苗，又能远距离运输，是当前蔬菜规模化育苗的好方式。

（一）穴盘育苗的设备

1. 穴盘

（1）穴盘种类　目前，常选用的穴盘为长 54.4cm、宽 27.9cm、高 3.5～5.5cm。穴孔深度视孔大小而异。根据穴孔数量不同，穴盘分为 50 孔、72 孔、128 孔、288 孔等多种，苗龄时间长、叶面积大用孔少穴盘，反之用孔多穴盘。

（2）清洗苗盘　播种前必须将苗盘清洗干净，不得未经清洗而重复使用。

（3）苗盘消毒　苗盘在使用之前，必须经高锰酸钾消毒处理，杀死细菌。

2. 育苗基质

（1）育苗基质种类　较理想的育苗基质是草炭、蛭石、珍珠

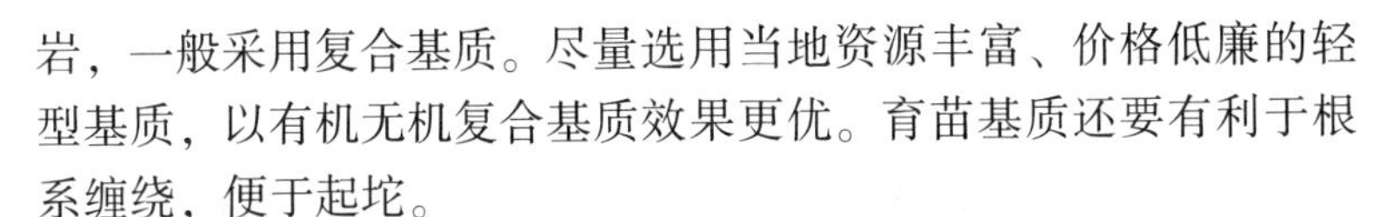

岩，一般采用复合基质。尽量选用当地资源丰富、价格低廉的轻型基质，以有机无机复合基质效果更优。育苗基质还要有利于根系缠绕，便于起坨。

（2）育苗基质配方

①蛭石、草炭、消毒田园土按1∶1∶1的比例混合，$1m^3$ 基质加入2kg磷酸二铵和2kg高温膨化鸡粪做基肥。此营养基质配方的特点是经济实用，综合了蛭石的松软、透气性和保水性能和草炭富含有机质的优点，基质中所含的营养成分基本满足了蔬菜苗期对营养的需求，为蔬菜幼苗生长发育创造了良好的基础。

②泥炭、珍珠岩、园艺蛭石（按体积）1∶1∶1或7份泥炭+3份蛭石。

③草炭∶蛭石为2∶1或3∶1；草炭∶蛭石∶珍珠岩为2∶1∶1。每立方米基质中加入膨化腐熟鸡粪10kg、磷酸二铵1kg、磷酸二氢钾0.5kg、过磷酸钙5kg，掺匀待用。

3. 温室

温室是穴盘育苗的重要配套设施，可选用现代化温室，但生产上一般选用现有的高效节能日光温室。温室内配置喷水系统和放穴盘的苗床，苗床用铁架做成，也可直接在地面上铺砖、炉渣、沙子和小石子等，总之要求铺垫硬质的、重型的材料，防止穿过穴孔的根系扩大生长，在提苗时致使幼苗伤根。

4. 催芽室的设计与建造

催芽室要设有加热、增湿和空气交换等自动控制系统。为节省开支，可做简易催芽室，在日光温室内搭建小棚，棚内放加温设备，如暖气等。催芽室内温度控制在28～30℃，湿度在95%以上，注意保持温、湿度均匀。在催芽室内进行叠盘催芽。

（二）穴盘育苗技术

1. 种子处理

（1）选种晒种　可通过风选或水选进行选种，选种可提高种子的饱满度和质量；晒种可以增强种子的生活力，促进种子后熟，提高种子的发芽率。

（2）*浸种处理* 此种方法是打破种子休眠，促进种子发芽，灭菌防病，增强种子抗性的有效措施。

①温水浸种。水温为55℃，水量为种子的5～6倍，浸种时要保持55℃水温10分钟左右，因此，要不断补热，10分钟后让水温慢慢自然降低，对于番茄、茄子、黄瓜等喜温菜保持25～28℃，而对生菜、荷兰豆、萝卜等喜凉菜应保持20～22℃，此法可杀灭部分种子上的病菌。对于浸种时间依作物不同而有别。茄果类和一些瓜类浸种8～12小时，西瓜、苦瓜、芹菜、菠菜要浸种24小时，生菜浸种7～8小时，白菜、萝卜浸种4～5小时，豆类浸种1～2小时。另外对浸种时间长的还要每隔6小时换1次水。

②热水烫种。水温在70～75℃，用于种皮较坚硬，难以吸水，且能忍耐高温的种子，如冬瓜、菠菜、西瓜、黄瓜等。热水烫种水量不能超过种子量的5倍，而且烫前种子要干燥，因为种子越干燥，越能耐受高温，否则易烫死种子。将种子放入热水中后要不断搅动，使水温尽快降至55℃，然后像温水浸种一样保持7～8分钟，然后再让其慢慢降至温水浸种的温度。

③药剂浸种。指先将种子浸泡2～6小时（视种子不同有别），然后捞起再放入配好的药液中浸泡一段时间的处理过程。药剂处理一般用1%的高锰酸钾溶液中15分钟，最后用清水冲洗干净；或用福尔马林100倍液浸种15～20分钟，取出后密闭再闷熏2～3小时后用清水冲洗，可防枯萎病，炭疽病等；或用1%硫酸铜则只需浸5分钟后便要捞起，用清水清洗，再进行播种或催芽，可防细菌性角斑病、炭疽病、霜霉病等。而用10%磷酸三钠浸种15分钟，可有效防治茄科类蔬菜的病毒病。

④药粉拌种。药粉拌种可防种子播后被虫吃和防病。方法是先将种子浸种，然后取种子重量的0.3%杀虫剂或杀菌剂与其充分拌匀，再播种。常用的杀虫粉剂有90%的敌百虫粉剂，可防地

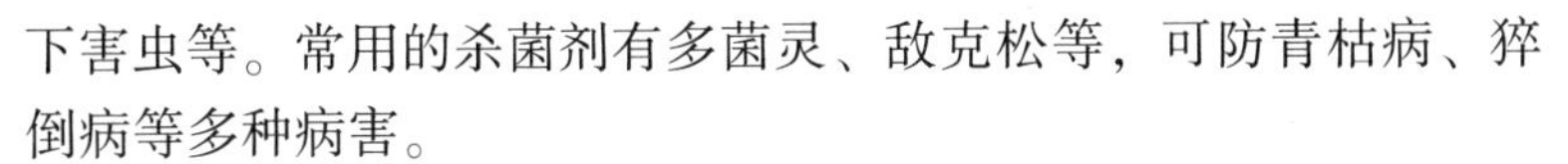

下害虫等。常用的杀菌剂有多菌灵、敌克松等，可防青枯病、猝倒病等多种病害。

⑤微肥处理法。用0.1%的硼酸溶液浸泡番茄籽、辣椒籽，5~6小时，或用万分之二浓度的硫酸铜或硫酸锌、硫酸锰溶液浸泡黄瓜、西瓜、南瓜等瓜类种子，或浸泡茄子、辣椒、番茄等果菜类种子，都有显著增产作用。

(3) 催芽　一般做法是将种子用干净潮湿的棉麻织物（包裹种子催芽的包装宜选择纱布等，而不能用薄膜袋），覆盖或放在温室，靠近暖气、炉火等又持续热源的地方以满足其温度的要求。当胚根突破种皮（露白）时应及时播种。常用的方法有：体温催芽法、炉灶催芽法、温瓶催芽法、恒温箱催芽法等。同时，在催芽期间应把握好以下4个方面。

①温度要适宜。一般耐寒性蔬菜，如大白菜、甘蓝、芹菜、菠菜等，适宜的催芽温度为20℃左右；黄瓜、番茄、茄子、辣椒等喜温蔬菜以25~30℃为宜。在整个催芽过程中，要注意调节温度，催芽初期可偏低，以避免消耗更多的养分：种子开始萌动，有个别出芽时，提高温度，促出芽迅速整齐，出芽后逐渐降低温度，防止幼苗徒长。

②洗种换气。为使种子发芽一致，催芽期间每4~5小时翻动1次种子，并用清水每天将种子淘洗1遍，以散发呼吸热，使种子受热均匀，并排除二氧化碳，供给新鲜空气，同时还能补充水分和消除黏液。淘洗后，须把种子晾干再入盆，继续催芽。

③掌握适宜的时间。在适宜的条件下，黄瓜需36~48小时，白菜、甘蓝需36小时左右，而茄子需经过6~7天、辣椒5~6天、番茄2~4天、西葫芦6~8天才可出芽。

④催芽标准。催芽的长度因蔬菜种类而有不同：十字花科（如甘蓝、白菜、萝卜等）种子小，以胚根突破种皮为宜，茄果类（如茄子、辣椒、番茄等）种子以不超过种子长度为宜；瓜类（如黄瓜、苦瓜、冬瓜等）种子可催短芽，也可催长芽1~2cm。

2. 配制基质

按照比例将草炭、蛭石、珍珠岩、有机肥、化肥混匀。蛭石和珍珠岩比较轻，干燥时易飞扬，可先加入少量水掺和后再配制基质。

重复使用的基质要进行消毒。可用40%甲醛或70%的甲基托布津或50%的多菌灵（但对防治害虫效果较差），方法是将药液稀释成40～50倍，按1m^3 20～40L水均匀喷洒基质，用塑料薄膜覆盖，堆积密闭24小时以上，打开薄膜风干2周左右方可使用。同时将重复使用穴盘消毒，同样密闭熏蒸。

3. 装盘压坑

将装好基质的穴盘一个个摆放起来，每10个在一起，人工按压出播种坑，坑深1～1.5cm。播种坑过浅，极易“戴帽出土”。

4. 播种覆土

将催芽后的黄瓜种子人工点播。点播时只选用发芽的种子，不发芽的种子挑出后再催芽，待发芽后播种，这样使幼苗生长整齐一致。播种之后覆盖材料全部用蛭石，用蛭石盖严后，将穴盘表面刮平并轻轻镇压，防止“戴帽出土”。

5. 叠盘催芽

催芽室要有足够的温度和充足的水分。将穴盘叠放在一起催芽，既节省空间，又能保持温度。待出苗后即可搬出催芽室，摆放在温室。

催芽室温度一般在25～28℃；相对湿度90%以上。对催芽室要定期（1次/周）用高锰酸钾消毒。

6. 浇营养液或清水

子叶展平后可浇灌0.2%的尿素和0.3%磷酸二氢钾混合液，对于弱苗、小苗着重浇灌。浇灌营养液时必须注意防止育苗容器内积液过多。营养液供给要与供水相结合，浇一次或两次营养液后浇一次清水，可避免基质内盐分积累而抑制幼苗生长。

配制的营养液中，含有大量元素和微量元素。为降低成本可用化肥配制营养液，配方如下：每1 000kg水中加入尿素0.45kg、磷酸二氢钾 0.5kg、硫酸镁 0.5kg、硫酸钙 0.7kg、微量元素。营养液 pH 值 6.2 左右。应特别注意配制营养液的总盐分浓度不能超过 0.3%。

7. 水分及温度管理

播种至出苗保持基质含水量 85% ~90%；子叶展开至 2 叶 1 心时，保持基质含水量 65% ~80%；3 叶 1 心至成苗，基质含水量降到 60% ~65%，防止幼苗徒长。出苗前 1 ~2 天先浇水，然后将苗提出，根系和基质相互缠绕在一起，形成塞子状，根系完好无损。

8. 温度管理

冬春育苗时注意防寒保温，控制白天 25℃、夜间 15℃，不能低于 10℃，并注意定植前一周低温炼苗。

夏秋育苗时注意遮阴降温，尤其注重 7 月上旬至 8 月下旬中午时段的高温强光，可增加通风扇、水雾等措施降温。

（三）穴盘育苗销售

蔬菜秧苗作为一种商品，在地区间交流也是正常的事。长期以来，由于我国蔬菜商品性生产不太发达，蔬菜产销体制基本上是“就地生产，就地供应”。随着蔬菜规模化生产的发展，以及交通条件的改善，育苗中心或企业的规模化、工厂化生产，异地运输销售逐渐兴起。

蔬菜商品苗与其他商品的运输销售一样，要根据用户鉴定的合同，按时运到用户所在地。又因蔬菜商品苗是活的幼嫩个体，运输条件、方法与技术等都会对运输过程中的秧苗产生一定的影响。所以运输、销售商品苗必须做好以下两方面的工作：

1. 首先要做好运输前的准备工作

（1）作好运输计划　其中包括运输数量、种类、时间、工具及方法，并通知用户方作好定植的准备工作。

（2）注意天气预报　确定具体起程日期，通知育苗场及用户，并做好运前的防护准备，特别在冬春季由南向北运苗，应作好秧苗防寒防冻准备。

（3）运前秧苗包装工作应加速进行　尽量减少秧苗的搬运次数，将损失降到最低程度。

2. 采用合适的包装容器及运输工具

秧苗运输用包装箱有许多种，有专为运输一定种类秧苗特制的包装箱，但一般都是用纸箱、木箱、塑料箱等包装。

作为一个常年进行秧苗生产的育苗公司，必须制作有本公司商标且较适用的包装箱。包装箱质量按运输距离可有不同，距离较近的，可用简易的纸箱或木箱，以降低包装成本。远距离运输的，应考虑箱的容量，能多层摆放以充分利用空间，且容器应有一定的强度，能经受一定压力和运输途中的颠簸。

从快速、安全、保质的角度看，运输工具以具恒温保温的汽车为好，具有调温、调湿装置的汽车更为理想，由育苗工厂运至异地植场所的过程中无须多次搬动，以免秧苗受损。秧苗重量不大，但装箱后体积不小，为节约运输费用，应采用大容量的运输汽车，可降低运输成本。对于价格较高的秧苗或运输成本合算的情况下，也可采用飞机空运。

二、穴盘工厂化育苗技术：以西瓜嫁接育苗为例

（一）嫁接成品苗形态标准

成品苗砧木、接穗子叶均保留完整，2~3片展平真叶，叶片深绿、肥厚。茎粗3.5~4mm，株高15cm左右。根坨成型，根系粗壮发达。无病斑、无虫害。春季苗龄28~38天，秋季苗龄24~28天。

（二）育苗设备

1. 主要设备

基质搅拌机、恒温箱、日光温室、灯光、加热线、穴盘、平

盘、嫁接签、防虫网、黄板、苗床、喷淋系统、加温和降温系统等。

2. 设施、设备消毒

(1) 日光温室消毒　高锰酸钾＋甲醛消毒法：每 $667m^2$ 温室用1.65kg高锰酸钾、1.65kg甲醛、8.4kg开水消毒。将甲醛加入开水中，再加入高锰酸钾，产生烟雾反应。封闭48小时消毒，待气味散尽后即可使用。

(2) 穴盘、平盘消毒　用40%福尔马林100倍液浸泡苗盘15～20分钟，然后在上面覆盖一层塑料薄膜，密闭7天后揭开，再用清水冲洗干净。

(三) 基质配制与装盘

1. 基质配制

选用优质草炭、蛭石、珍珠岩为基质材料，三者按体积比3∶1∶1配制，然后 $1m^3$ 加入1～2kg国标复合肥，同时加入0.2kg多菌灵，用于基质消毒，搅拌均匀待用。

2. 穴盘的选择与装盘

使用黑色PS标准穴盘，砧木选用尺寸（长×宽）54cm×28cm，50孔穴盘。接穗选用平底育苗盘，标准尺寸（长×宽×高）60cm×24cm×5cm。将含水量50%～60%的基质装入穴盘中，稍加镇压，抹平即可。不可过于镇压以免影响幼苗生长。

(四) 品种选择

1. 砧木品种选择

砧木主要以葫芦和南瓜为主。选择嫁接亲和力强、共生性好，且抗西瓜根部病害、对西瓜品质影响小，符合市场需求的品种。葫芦品种有优砧100，南瓜有崛京隆、掘金隆等。

2. 接穗品种选择

选择符合市场需求，春季保护地栽培要求耐低温、弱光、早熟、优质的品种，露地栽培应以高产、抗病、优质的品种为主。西瓜种类很多，市场种植主要有京欣系列：京欣王、京欣一号、京欣二号、抗病京欣等。黑瓜系列：黑霸、抗封三等。无籽系列：蜜童、金蜜童、墨童、玉童等。

（五）育苗

1. 育苗季节及设施选择

主要分两个季节：冬春季育苗（12月中旬至4月下旬）和夏季育苗（6月上旬至7月下旬），具体育苗时间根据生产需要制定。冬春育苗在有加温设备的日光温室中进行，夏季育苗在有降温设备的日光温室或连栋温室中进行。

2. 用种量计算方法

砧木用种量=需苗数/砧木芽率×出苗率×砧木苗利用率×嫁接成活率×壮苗率（约需苗数的1.4~2.0倍）。

接穗用种量=需苗数/种子出芽率×接穗苗利用率×嫁接成活率×壮苗率（约需苗数的1.5~1.7倍）。

3. 播种

（1）播种时间　冬春季葫芦砧木播种比接穗提早7~10天，秋季提早5~7天；南瓜砧木播种比接穗提早5~7天，秋季提早3~5天。

（2）砧木播种及管理　砧木芽长不超过3mm、出芽率达到85%时即可播种。未出芽的种子可继续催芽使用。将催好芽的砧木播种在已装有基质的标准穴盘内，播种深度1.5~2.0cm，播后覆盖消毒蛭石，淋透水后，苗床覆盖地膜保湿、保温。白天温度28~32℃，夜温18~20℃。当有50%~70%幼苗出土后及时揭去地膜，揭膜应在下午或傍晚进行。幼苗出土后降温，白天22~25℃，夜间16~18℃。加强、加长光照时间，培育壮苗。连阴雨雪天严禁出现温度昼低夜高情况。当子叶展平时，喷施一遍0.1%的宝利丰。第一片真叶刚露头时准备嫁接。

(3) 接穗播种及管理 催芽前先将种子晾晒3~5小时，以加快种子萌发。然后将种子置入65℃的热水中烫种，迅速搅拌，待水温降至40℃时，加入0.1%植物诱抗剂施特灵浸种，24小时后换水并搅拌，48~60小时后去除秕籽，捞出晾晒。将种子紧密播在装有基质的平盘内，每标准盘播1 500粒。播后覆盖一层冲洗过的细沙，用地膜包紧，保持湿度。放置在铺有地热线的温床上或催芽室内催芽。催芽温度白天28~30℃，夜间18~20℃。经过约24小时，有70%的种子露白时开始去掉地膜，逐渐降低温度，白天22~25℃，夜间16~18℃，白天揭去苗床覆盖物，接受阳光，当子叶展平，颜色变绿时可开始嫁接。

4. 插接法嫁接

(1) 适于嫁接砧木、接穗的形态标准 砧木第一片真叶展平，第二片真叶刚露心，茎粗2.5~3mm，苗龄10~15天时为最佳嫁接期。接穗子叶展平、刚刚变绿，茎粗1.5~2mm，苗龄3~4天时为最佳嫁接期。

(2) 嫁接 嫁接前一天砧木、接穗需淋透，同时叶面喷杀菌剂，以预防病害发生。嫁接过程最好选择晴天，在散射光或遮光条件下进行。将砧木放置在高度合适的平台上，用手从砧木真叶一侧剔除真叶和生长点。用竹签紧贴砧木任一子叶基部的内侧，向另一子叶基部的下方斜刺一孔，不可刺破表皮，深度0.8~1.0cm。取一接穗，在子叶下部1.5cm处用刀片斜切一锲形面，长度大致与砧木刺孔的深度相同，然后从砧木上拔出竹签，迅速将接穗插入砧木的刺孔中，嫁接完毕。

一盘苗嫁接完毕立即将苗盘整齐排列在苗床中，盖好地膜保湿。

5. 嫁接苗的管理

(1) 湿度 嫁接后前2~3天苗床空气相对湿度应保持在95%以上，床内地膜附着水珠是湿度合适的表现。3天后视苗情，开始由小到大、时间由短到长逐渐增加通风换气时间和换气量。

6~7天后，嫁接苗不再萎蔫可转入正常管理。湿度控制在50%~60%，夜间、阴雪天可用暖风炉保温降湿。

（2）温度　嫁接苗伤口愈合的适宜温度是20~28℃，前6~7天嫁接苗白天应保持25~28℃，夜间20~22℃，不得低于18℃。7天后伤口愈合，嫁接苗转入正常管理，白天温度22~30℃，夜间16~20℃，白天高于32℃要降温，夜间低于15℃要加温。

（3）光照　在棚膜上覆盖黑色遮阳网。嫁接前2~3天，晴天可全日遮光，以后先逐渐增加早、晚见光时间，然后缩短午间遮光时间，直至完全不遮阳。嫁接后若遇阴雨天，光照弱，可不遮光。

（4）肥水管理　嫁接苗不再萎蔫后，转入正常肥水管理。视天气状况，5~7天浇一遍肥水，可选用宝利丰、磷酸二氢钾、撒可富等优质肥料，浓度以0.1%~0.125%为宜。结合肥水还可加入施特灵、甲壳素等植物诱导剂，增加嫁接苗抗逆性。二片真叶后开始适当控制水分，防止徒长，培育壮苗。

（5）其他管理　及时剔除砧木长出的不定芽，保证接穗的健康生长，去侧芽时切忌损伤子叶及摆动接穗。

嫁接苗定植前5~7天开始炼苗。主要措施有：降低温度、减少水分、增加光照时间和强度。出苗前仔细喷施一遍杀菌剂。

【思考与练习】

1. 穴盘育苗的设备、材料有哪些
2. 简述规模化培育蔬菜幼苗的流程

模块六　蔬菜规模化生产栽培技术

【学习目标】

1. 掌握主要蔬菜的茬口安排
2. 掌握主要蔬菜的整地施肥以及定植技术
3. 掌握主要蔬菜的标准化大田管理技术
4. 掌握主要蔬菜的采收技术

一、茄果类蔬菜标准化生产

（一）番茄标准化生产

1. 品种选择

选用抗病、优质、丰产、耐贮运、商品性好、适应市场的优良品种。

2. 番茄栽培方式

（1）露地栽培　分为露地春番茄、露地夏番茄和露地秋番茄。

（2）塑料棚栽培　早春茬、秋延后。

（3）日光温室栽培　冬春茬、早春茬、秋冬茬。

3. 培育壮苗

按穴盘工厂化育苗技术培育壮苗，番茄壮苗标准要求节间较短，茎干粗壮且上下一致；叶片强壮，小叶片较大，叶柄粗短，叶色浓绿；幼苗大小整齐，无病虫为害；叶片平整向阳，植株顶部平而稍凹。

4. 整地、施肥、定植

（1）地块选择　番茄忌连作，与番茄或茄子、辣（甜）椒等茄科作物至少要间隔 2～3 年，这样可以保持地力，减少病害。番茄的前茬蔬菜最好是葱蒜、豆类和瓜类蔬菜，其次是白菜、甘蓝及菠菜、芹菜等绿叶蔬菜，与水稻轮作效果较好。

（2）整地施肥　栽培番茄地的前作收获后要进行深翻冬凌晒垡，春季耙平做畦，高畦栽培，一般畦宽（含沟）1.3～1.7m，其中沟宽 0.3～0.5m，沟深 0.2m 左右。畦向以南北向为好，植株接受光照均匀。

番茄为多次采收的高产蔬菜，整个生育期需大量肥料。总的施肥原则是重施基肥。基肥以农家肥为主，增施磷、钾肥。无论哪种农家肥都必须充分发酵腐熟，不能施生粪，以免烧根和感染病虫害。高畦栽培的施肥方法，一般在畦的中央开沟，每 667m^2 施优质腐熟厩肥 5 000～6 000kg，硫酸钾型复合肥 100kg，钙镁磷肥 50kg，并与土壤充分混合，然后搂平，在高畦两侧开定植沟，再沟施优质农家肥 200kg 或复合肥 20～25kg。施基肥数量要能保证对番茄生长的需求。

（3）定植　番茄的定植，要在当地断霜后，5～10cm 土层温度稳定在 12℃时，在长江流域及以南地区，可在清明前后定植。在当地没有晚霜危害情况下，适当早栽，可以使番茄早熟丰产。定植番茄尽量选择无风的晴天，这样可充分利用阳光照射来提高种植畦的土温，使幼苗迅速恢复生长。千万不要在雨天及雨后地面仍然泥泞的情况下栽苗，这时土粘在根上，不易散开，不利于根的生长和缓苗。

番茄定植密度要根据选用的品种，有无栽培支架等情况而定，一般早熟品种小架栽培要密些，每 667m^2 栽 5 000～6 000株，中晚熟品种大架栽培，每 667m^2 栽 3 500～4 000株，无支架栽培每 667m^2 栽 2 800～3 200株。

目前，生产上已广泛采用地膜覆盖栽培，定植时苗不要栽得太深或太浅，栽苗后及时浇水，地膜覆盖的破膜处，苗的四周用土压严。

5. 定植后田间管理技术

（1）定植至始花初结果期的管理　从定植后到第1穗果始花并坐果。这一阶段的管理重点是提高地温，促进缓苗，适当控制营养生长，调节营养生长与生殖生长间的关系，使营养生长及时转入生殖生长。

①肥水管理。在定植后，以浇缓苗水到第1穗果膨大前，一般不浇水，中耕2～3次，疏松土壤，提高地温，促进缓苗，增强根系的发育，进行蹲苗。如果遇天旱，土壤墒情不好，午间植株有萎蔫时，可在第1花序开前或开后浇水，但切勿在开花期浇水，以免造成落花落果。

②保花保果。春季露地气温较低，易导致第1穗花序落花落果。为提高坐果率，可在晴天温度较高时，用12～15mg/kg防落素（番茄灵）涂花或蘸花，以保花保果。

③植株调整。此期还应及时插架绑秧，保持番茄直立生长。一般用竹竿作支架，每株1竿，每生2～3片叶即应用塑料绳把蔓绑缚于竹竿上。

番茄各叶腋都能抽生侧枝，任其自然生长妨碍通风透光，枝叶过茂，落花落果，成熟期推迟。为此，必须进行整枝。整枝方法很多，目前常用的有：

单秆整枝法：把所有的侧枝全部去除，只留主蔓。主蔓上保留2～4穗果摘心。这种整枝法适宜于早熟密植栽培。

一秆半整枝：保留主蔓及第1花序下的1个侧蔓。余蔓皆摘除。当侧蔓结2～3穗果时摘心，只留主蔓生长。

自封顶整枝法：自封顶型的早熟品种，待主蔓结二穗果后封顶，保留第1花穗下的1个倒侧枝结1～2穗果后自动封顶。余蔓皆去。

双秆整枝法：保留主蔓及第1花穗下的1个侧蔓，任其生长，其余侧枝全部除去，为双秆整枝，适宜于中晚熟品种大架栽培。

转头整枝法：主蔓结2穗果后，摘心，保留第1花穗下的一个侧蔓继续生长，待侧蔓结2穗果后又摘心，换另1个侧蔓生长。如此循环。该法适宜于中晚熟丰产栽培。

多秆整枝法：每株保留3~4个强健侧枝，每枝结2~3穗果后摘心。该法适宜于大架丰产晚熟栽培。

（2）结果期管理　即从第1穗果开始膨大到拉秧。这一时期应及时浇水，追肥。充分供应番茄植株所需的水肥需求，保持叶片旺盛的光合能力，保证果实的正常发育。调节生长与结果的关系。

①肥水管理。第1穗果坐住后，第1次追肥，每667m^2施复合肥30kg或腐熟优质粪尿500kg，随水冲入。第2穗果采收后，进行第2次追肥，每667m^2施复合肥15~20kg。以后每两次果实采收之间每667m^2施复合肥15~20kg。

第1穗果开始膨大后，植株蒸腾量逐渐增大，气温逐渐升高，土壤蒸发量逐渐升高，需增加浇水次数，一般如遇天旱5~7天浇1次，结果盛期4~5天1水。保持土壤湿润，切勿忽干忽湿，以防裂果。此期土壤干旱会严重影响果实的膨大降低产量。

②疏花疏果与保花保果。番茄坐果数量多，及时采取疏花疏果措施，既保花保果，又提高果实商品性。一般大果型品种每穗留3~4个果，中果型品种留4~5个果，小果型品种留5~6个果，而将多余果去掉。

为提高坐果率，可在晴天温度较高时，用12~15mg/kg防落素（番茄灵）涂花或蘸花，以保花保果。

③摘心摘叶。待采收结束前30天左右，在最后一穗果上留2~3叶摘心，以抑制生长，促进结果。生长的后期，还应及时摘除下部的老叶、病叶，以利通风，减少病虫害。

6. 果实采收

（1）采收时间　番茄果实的采收时间，因品种、季节、目的等不同而有差异。适时早采收可以提早上市，增加产值，并且还有利于植株上部果实的发育。

在低温情况下，番茄开花后45～60天果实成熟，若温度高，则开花后40～45天便成熟。果实在成熟过程中可分为4个时期，即青熟期、变色期、坚熟期和完熟期（亦称软熟期）。

在青熟期采收，果实坚硬，适于贮藏或远距离运输，但含糖量低，风味较差。一般采收的标准为“一点红”，即果实顶端开始稍转红（变色期）时采收。这样一方面有利于贮运，另一方面也有利于后期果实的发育。鲜果上市若短距离运输，最好在半熟期或坚熟期采收；加工番茄汁、番茄酱等宜在完熟期采收。

（2）采收技术　番茄采收时，应轻摘轻放，尽量防止机械损伤。同时，要去掉果柄，以免刺伤别的果实。采收后，要根据大小、果实形状、有无损伤等进行分级，以提高番茄的商品性。采收分级后装筐，立即运往收购工厂销售加工。中、后期采收时，果实多在枝叶覆盖之下，要翻蔓检查采摘，翻蔓宜轻，翻后立即复还原位，以防茎叶和果实受伤。

（二）茄子标准化生产（以露地晚秋茬生产为例）

1. 品种选择

选用抗病、抗逆、优质、丰产、耐贮运、商品性好、适应市场的优良品种。

2. 茄子栽培方式

（1）露地栽培　早春茬、越夏连秋茬、晚秋茬

（2）塑料棚栽培　早春茬、秋延后。

（3）日光温室栽培　冬春茬、早春茬、秋冬茬。

3. 培育壮苗

在7月上旬晴天下午4点钟以后播种，每667m^{2}用种子6g，播种前应把种子放在50～60℃的热水中搅拌至水温降到30℃左右，然后静置浸种8～10小时。按穴盘工厂化育苗技术培育壮

苗，着重加强浇水、通风、降温、遮阴、防病。苗龄达到40天，幼苗达到3～4片真叶平展，叶色绿，节间短、株高小于8cm，无病虫害，就达到壮苗标准，及时定植。

4. 整地、施肥、定植

(1) 地块选择　茄子忌连作，要与茄子或番茄、辣（甜）椒等茄科作物至少要间隔2～3年，这样既可以保持地力，又能减少病害。番茄的前茬蔬菜最好是葱蒜、豆类和瓜类蔬菜，其次是白菜、甘蓝及菠菜、芹菜等绿叶蔬菜，与水稻轮作效果较好。

(2) 整地施肥　栽培茄子地的前作收获后要进行深翻施肥造墒。茄子是需钾量相对较大的茄果类蔬菜作物，而且为多次采收的高产蔬菜，整个生育期需大量肥料。总的施肥原则是控制氮肥、减少磷肥、增施钾肥和微量元素肥料，每667m^{2}大田应用活性菌生物商品有机肥100～300kg，或腐熟厩肥5 000kg，配合高钾肥含量的双螯合硫基复合肥料100～150kg，深耕细耙后做高畦栽培，畦向以南北向为好，大田畦高0.2m，畦宽1m左右，做好畦，大水漫灌造墒，并及时在畦面喷施除草剂，覆盖地膜，做好定植准备。株距0.5m，1穴1株，穴可挖深些，每667m^{2}栽苗3 000株左右。

(3) 及时移栽定植　茄子苗叶片大，蒸腾作用强，原则上不蹲苗。选在傍晚4点移栽，按每畦种植2行，株距0.35～0.4m打穴移栽定植，品种不同也可以调整行距，移栽时大小苗要按级别分开，不要混栽一畦。再用400～500倍微量元素清液肥料配高效杀菌剂1 000倍，每棵一碗水灌根封土。第2天9点以后覆盖遮阴，并在傍晚看土壤温度进行浇小水降温，待发新叶缓苗后，除去遮阳网，并浇施稀人粪尿，定植成活。

5. 定植后田间管理技术

(1) 肥水管理　在门茄核桃大前要少浇水或浇小水。茄子喜高温不耐寒，喜光照，但不喜长时光照，喜水不耐湿，喜肥又需肥，按照茄子的这些生理特性，从门茄长到拳头大时可浇第一次大水，以后土地见干见湿浇水，每次都要上午进行，缺水时植株生长量较小，落花、落蕾现象严重，果皮发硬、着色较差，还会出现“小僵果”和“老小孩”。但茄子又怕涝，水分过多植株易徒长发病甚至死亡。第一次浇水每667m^{2}冲施全营养螯合态微量元素清液肥料1.5kg，第2次浇水每667m^{2}冲施速溶硫酸钾型复合肥20～30kg，第3次浇水冲500～1 000倍稀人粪尿，以后浇水轮流冲施上述肥料。收与不收在于水，收多收少在于肥。

（2）植株调整　茄子植株调整的措施主要有整枝、摘老叶、摘心等。

①整枝。单秆整枝。门茄以下的侧枝全部打掉，仅保留主茎作为结果枝，1条侧枝结果后，保留2～3片叶摘心。单秆整枝适于密植，上市早，前期产量高。高密度强化整枝栽培可以在病害高发期到来前结束，有利于无公害生产。

双干整枝。门茄出现后，主茎和侧枝都留下结果。对茄出现后，在其上各选1个位置适宜、生长健壮的枝条继续结果，其余侧枝和萌蘖随时掰掉。以后都是这样做，即一层只结2个果，如此形成1、2、2、2、2…的结果格局。一般1株可结9、11或13个果。在最后1个果的上面留2～3个叶摘心。此法一般整枝方法。

②摘老叶。在整枝的同时，还可摘除一部分衰老的枯黄叶和病虫害严重的叶片。当对茄直径长到3～4cm时，摘除门茄下部的老叶；当四门斗茄直径长到3～4cm时，又摘除对茄下部老叶，以后一般不再摘叶。

③摘心。在生长期较短的情况下进行摘心。大果型品种在四门斗茄子现蕾后，留1～2片叶摘心，新发侧枝也全部摘除，每株保留7个叶片，使营养集中，加速果实生长，争取早期产量。小型品种也可以在四门斗以上再留一个枝条，即四门斗茄子现蕾后，要留4个枝条，把侧枝全部摘除，以免枝叶郁蔽。

6. 采收

（1）采收时机　注意观察以下因素。

①生理因素。采收过早影响产量；过晚品质下降，还会影响后期的生长发育，同样降低总产量。门茄形成时，植株幼小，生长速度慢，应早摘上市。门茄早摘有利于植株发棵和结果。对茄以上宜适时采收，当果实充分长大，有光泽，近萼片的果皮变白或变淡紫色时，即可采收。是否适合采收还可看“茄眼”的状态来定。“茄眼”明显，则表明茄果还正在生长中，“茄眼”变得狭窄或已不明显，果皮的白色部分很少时，表明果实生长缓慢，转入种子发育期，应及时采摘。盛果期每隔 2～3 天即可采收一次。

②气候因素。如遇连阴雨天应适当提前采收，以免受病虫危害。果皮色泽在一天中以清晨最佳，中午日照强，茄子表皮颜色深，温度高易萎蔫，不耐贮存，故不宜采收。

③市场因素。采摘时还要参考市场行情，价格好可适当早采。

（2）采收方法　选取晴天早晨或傍晚。采收时手戴手套，握住茄子的萼片处，用剪刀或刀，齐果柄割断，轻轻放入塑料筐中。如果需要储藏，则尽量长的留果柄。采后预冷。

（三）辣椒标准化生产技术（以露地夏秋茬生产为例）

1. 辣椒栽培方式

（1）露地栽培　早春茬、越夏连秋茬、晚秋茬。

（2）塑料棚栽培　早春茬、秋延后。

（3）日光温室栽培　冬春茬、早春茬、秋冬茬。

2. 品种选择

辣椒在春分至清明播种育苗，小满至芒种定植大田，立秋至霜降收获的栽培方式称为越夏栽培，又叫夏播栽培、夏秋栽培、抗热栽培。越夏栽培可与大蒜、油菜、小麦等接茬种植，也可与西瓜、甜瓜、小麦间作套种。可充分利用土地，增加复种指数，大幅度提高粮区农民经济收入。越夏辣椒生产，不易腐烂，便于鲜果长途运输，经过短期贮藏，又可延至元旦、春节供应，取得更高效益。

春茬辣椒生产的主要时间是在炎热多雨的“三伏天”，高温多雨不仅不利于辣椒的生长，而且也会发生多种病虫害。因此，必须选用耐热、耐湿、抗病毒病能力强的中、晚熟品种，如果需要远途运输，还必须选用与销往地消费习惯相一致的耐贮运的优良品种。目前，比较好的品种有农大40、牟椒1号、湘研10号、农发、茄门和辽椒3号等。

3. 培育壮苗

（1）育苗时间　春茬辣椒从播种育苗到开花结果需要60～80天，在与夏收作物接茬时，可以根据上茬作物腾茬时间、所用品种的熟型等，向前推70天左右开始播种育苗。种植辣椒有“宁可叫苗等地，不叫地等苗”的说法，适期早播有利于争取主动。

（2）育苗设施　苗床设在露地，前期温度低可以采用小拱棚进行覆盖保温，晚霜过后再伺机撤除。

（3）关键技术　为减少非生长期病害，一般都是采取1次播种育成苗的方法。开始需要稀播，出苗后再进行2～3次间苗，到长有1～2片真叶时定苗，苗距达到12cm左右。每撮留几株苗要根据栽培方式而定：与小麦、油菜、大蒜接茬时，一般$1m^2$留1株苗；与甜瓜套栽时，$1m^2$留2株苗；与西瓜套栽时，$1m^2$留3株苗。育苗期间要保证水分供应，防止因缺水影响秧苗正常生长或发生病毒病。

4. 整地、施肥、定植

（1）灭茬施肥　上茬作物收获后要及时灭茬施肥，每亩用优质农家肥4 000～5 000kg，过磷酸钙50～75kg，硫酸钾25～30kg。耕翻耙耢整地，起垄或做成小高畦，以利排水防涝。

（2）株行距配置　由于辣椒怕淹，因此应采用小高畦栽培。但不用覆盖地膜，苗子栽在小高畦两侧近地面肩部，以利浇水和排水。

一般采用大小行种植，大行距辣椒是 70 ~ 80cm，甜椒为 60 ~ 70cm；小行距辣椒是 50cm，甜椒为 40cm。夏季气温高，易发生病毒病，所以越夏辣椒应适当密植。特别是甜椒，密度大，枝叶茂，封垄早，可较好地防止日灼病，而且可降低地温 1 ~ 2℃，保持地面湿润，形成良好的田间小气候，有利于植株正常生长发育。穴距辣椒是 33 ~ 40cm，每穴 1 株；甜椒 25 ~ 33cm，每穴 2 株。与西（甜）瓜套种的，西（甜）瓜应选用早熟品种，并实行地膜覆盖栽培。辣椒苗套栽时间可安排在西（甜）瓜播种后的 30 天左右。每垄西（甜）瓜套栽 2 行辣椒，即在 2 株西（甜）瓜之间的垄两侧破膜打孔各定植 1 穴辣椒。与小麦套种的，小麦一般是大田 2. 0 ~ 2. 2m 为 1 带，播种 2 耧麦，留 0. 8 ~ 1. 0m 宽空畦以供定植辣椒。

（3）及时移栽定植　时间应选阴天或晴天的傍晚进行，尽量减少秧苗打蔫。

起苗前 1 天给苗床浇水，起苗尽量多带宿根土，运苗时应避免散坨，尽量减少伤根。要随栽随覆土并浇水。缓苗前还需要再浇 2 次水，降低地温，加速缓苗。

5. 定植后田间管理技术

（1）追肥　露地辣椒棵大，分枝多，植株生长旺盛时才结果多，产量高。因此，夏秋茬辣椒定植后，一定要科学地应用肥水，适时促进茎叶迅速生长，及早搭建起丰产架子。缓苗后要立即进行一次追肥浇水，每 667m^2 追用腐熟的人粪尿 1 500kg，或尿素 15kg，顺水冲施。并及时进行 1 次中耕，以破除土壤板结，增加根系吸氧量，促进壮苗，预防徒长。门椒坐果后，为了促果又促秧，需要每 667m^2 再冲施人粪尿 2 500kg，或尿素 25kg。结果盛期还要再追肥 1 ~ 2 次，防止植株早衰。秋分以后，气温逐渐降低，果实生长速度减慢，注意追施速效肥料，结合浇水每 667m^2 冲施磷酸二铵 15kg 或尿素 10kg，并注意叶面喷施磷酸二氢钾和微量元素肥料，保证后期果充分发育长大。

(2) 浇水　除了追肥浇水外，在整个辣椒生长期间，要基本掌握开花结果前要适当控制浇水，做到地面有湿有干；开花结果后要适时浇水，保持地面湿润的原则。7—8 月温度高，浇水要在早、晚进行，降低地温，控制病毒病的发生和蔓延。

(3) 排涝防灾　遇有降雨田间发生积水时，要做到随时排除。遭遇“热闷雨”时，要随之浇用井水，小水快浇，随浇随排出田外。降雨多时土壤容易缺氧，辣椒表现叶色发黄时，要及时锄划放墒，增加土壤气体交换。同时给植株喷洒磷酸二氢钾，以提高植株的抗逆性。

(4) 中耕除草　生长的前中期要及时进行中耕锄草培土，坐果后不宜中耕，以免发生病害。盛夏气温较高，空气湿度低，土壤蒸发量大，为防止土壤水分蒸发过分，宜在封行之前，高温干旱未到之时，利用稻草或农作物秸秆等，在辣椒畦表覆盖 1 层。一是降低土壤温度，减少地面水分蒸发，起到保水保肥的作用；二是防止杂草丛生；三是减少下大雨水对畦面表土的冲击，防止土表板结。覆盖厚度以 3～4cm 为宜，太薄起不到应有的覆盖效果，太厚不利辣椒的通风，易引起落花和烂果。

(5) 植株调整

①撑枝。用土坷垃（或专用工具）把枝杈撑开，让其开张度变大，加大内膛的通风透光性，缓和植株的长势，利于坐果。

②疏叶。疏叶应遵循以下原则：要轻、要少，摘下不摘上、摘密不摘稀、摘老不摘嫩。

对于下部老叶，可有选择性的疏除那些病叶、黄叶；对于上部叶片，若植株生长过旺，叶面积过大，叶片重叠严重，可适当疏除部分叶片，以改善植株结构，提高光照的利用效率。

内膛枝叶第一次疏除时间应在四门斗椒坐住后，根据植株内部枝叶的稀密情况，酌情疏除。

③打杈。遵循“打强留弱”的原则，即将辣椒主枝上从顶端

生长点往下半米内的侧枝保留，而将半米以下生长旺盛的侧枝打掉，仅保留侧枝基部1~2片叶。

④留枝。在第一茬辣椒摘后，本着留外围侧枝、去内膛枝的原则，合理调整植株结构。一棵植株保留3~4根结果枝即可，以确保营养集中供应主枝果实。考虑通风，可交替留枝，即一行辣椒中，一棵留4根枝，挨着的留3根枝，再一棵留4根枝，接着再留3根枝。

在主要侧枝的次一级侧枝上所结的幼果长到直径1cm时，在其上部留5片叶后摘心，使营养集中供应果实生长，在中后期出现的徒长枝要及时摘除。

⑤留果。从“四门斗”开始留果，一般不留门椒和对椒。其目的是使植株储备充足的营养培育壮棵，以利于后期连续结果。

⑥推株并拢。成熟期郁闭时，人工用两手将辣椒植株从茎基部约5cm处，用力向两侧推压，用脚将根部踏实。但要轻手轻脚，尽量防止伤坏植株和青椒，同时清除田间杂物，创造一个良好的通风透光条件。

(6) 保花保果　门椒、对椒开花结果时正值高温多雨季节，很容易出现落花落果的现象。为此，当有30%的植株开花时，就要用防落素20~30mg/kg的药液进行喷花或涂抹花，每3~5天处理1次。要防止药液飞溅到幼嫩的茎叶上，天气冷凉后就可以不再用药处理了。

花期喷用磷酸二氢钾500倍液，也有较好的保花保果作用。

6. 采收

(1) 采收时机　果实的体积长到最大限度，果肉加厚而坚硬，果面充分绿熟、光滑、有光泽，种子开始发育，单果重量达到最大。此时，呼吸强度和蒸腾作用最低，有利于运输和短期贮藏。过嫩的果实，呼吸作用强，果肉薄，贮藏后易褪绿，萎蔫；过老的果实贮藏期间容易转红，变软，风味变劣。作为鲜食的，大都采收青果，一般花谢后2~3周（20~25天）开始采摘，在一块田中，往往每隔3～5天采收1次。以红果作为鲜菜食用的，宜在果实八九成红熟后采收。干制辣椒要待果实完全红熟后才采收。注意尽量分多次采摘。冬贮保鲜的，则必须采摘青果，以延长保鲜期，霜降前应一次采收。

（2）采收方法

①门椒要及时采收，以免吸收养分、影响植株挂果而减少产量。

②采收宜在晴天早上进行，连果柄一起摘下。中午水分蒸发多，果柄不易脱落，采收时易伤及植株，并且果面因失水过多而容易皱缩。

③采收前2～3天内不宜浇水，更不宜在下雨天或雨后立即采收，避免采摘后伤口不易愈合，病菌易从伤口侵入引起发病。

④采摘后，剔除病、虫、受损伤果。

⑤采摘、选果、包装、运输过程中，要轻拿轻放，防止机械伤。

⑥果实采后放入垫纸的筐中，置于凉爽处预冷1天，待果实的温度降低，果面变凉、变干后进行贮藏。

二、瓜类蔬菜标准化生产

（一）黄瓜标准化生产技术

1. 黄瓜栽培方式（本书着重介绍大棚黄瓜早春茬生产技术。）

（1）露地栽培　早春茬、越夏连秋茬、晚秋茬

（2）塑料棚栽培　早春茬、秋延后。

（3）日光温室栽培　冬春茬、早春茬、秋冬茬。

2. 品种选择

大棚黄瓜早春茬生产的品种以适合本地栽培的杂交一代黄瓜品种为主，要求该类品种前期耐低温、后期耐高温，抗病力强，

适应性广，早熟，丰产，优质。

3. 培育壮苗

播种期为1月中旬或下旬，可在加温温室或节能日光温室内采用穴盘育苗。

（1）关键技术　播种后用地膜密封2～3天，当有2/3的种子子叶出土及时揭掉地摸。苗期尽量少浇水，防止高温、高湿出现高脚苗，及时揭草苫增加光照。一般白天温度应控制在25～30℃，不宜过高，夜温一定要控制在15℃以下，最好12～13℃，定植前7～10天，进行炼苗，温室草苫早揭晚盖，减少浇水，增加通风量和时间，白天保持20～25℃，夜间保持8～10℃，并需要1～2次短时5℃的锻炼。

（2）壮苗标准　苗龄35天左右，株高15～20cm，3叶1心，子叶完好，节间短粗，叶片浓绿月巴厚，根系发达，健壮无病。

4. 整地、施肥、定植

（1）整地施肥　中等肥力水平的菜地一般每667m^2施优质腐熟有机肥5 000kg、尿素20kg、过磷酸钙75kg、硫酸钾30kg。基肥撒施后，深翻地30～40cm，土肥混匀、耙平，按1.2m宽做畦，畦内起两个10～15cm的高垄，垄距50cm。

（2）扣棚膜挂天幕　早春大棚采用“四膜覆盖”，即一层大棚薄膜，两层天幕膜和苗上一层小拱棚膜，定植前20天扣大棚膜，以便提高地温，在大棚内10cm地温12℃连续3天稳定即可定植。定植前5～7天挂天幕2层，间隔20～30cm，最好选用厚度0.012mm的聚乙烯无滴地膜。

（3）大棚消毒

①空气消毒。在定植前7～10天。每立方米用硫磺4g、锯末8g混匀，放在容器内燃烧，时间宜在晚上7时左右进行，熏烟密闭24小时。也可以按每立方米用25%百菌清1g、锯末8g混匀，点燃熏烟消毒。

②棚架、设备、工具等消毒。用1：（50～100）的福尔马林

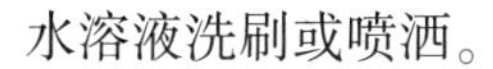

水溶液洗刷或喷洒。

③土壤消毒。要根据大棚土壤的病虫种类选用农药，在定植前10～15天进行。枯萎病发生严重的大棚，可向垄沟或地面喷浇100～200倍福尔马林液，然后用薄膜覆盖5天，半月后药剂全部挥发完毕，即可播种和定植。其他病害可用50%多菌灵、50%甲基托布津或70%敌克松1 000倍液喷洒土壤，或拌成毒土撒施后翻入土中。有地下害虫的大棚地，可以在土壤处理时加一定数量的杀虫剂。

④沟（穴）消毒。黄瓜枯萎病严重的地块，在定植前未进行土壤消毒或者消毒质量不好的，还可以在定植沟（穴）内，每667m² 用50%甲基托布津1.25kg，或50%多菌灵0.75kg，或70%五氯硝基苯1kg左右进行消毒。以上药剂要先按药粉1份和细干土100份掺拌均匀，然后撒布在定植沟（穴）内。

（4）定植　定植前1天在苗床喷一次杀菌剂，可选用50%多菌灵500倍液，或77%可杀得700倍液，或75%百菌清1 000倍液。定植要选择晴天上午进行。垄上开沟浇水，待水渗至半沟水时按株距32cm左右放苗，水渗后土封沟，此法称“水稳苗”，每667m² 定植3 500株左右，定植后在畦上扣小拱棚。

5. 田间管理

（1）温度控制　刚定植后，地温较低，需立即闷棚，即使短时气温超过35℃也不放风，以尽快提高地温促进缓苗。缓苗期间无过高温度，不需放风。小拱棚在早晨及时扒开，以尽快提高土壤温度。缓苗后根据天气情况适时放风，应保证21～28℃的时间在8小时以上，夜间最低温度维持在12℃左右。随着外界气温升高逐步加大风口，当外界气温稳定在12℃以上时，可昼夜通风，大棚气温白天上午在25～30℃，下午为20～25℃最好。

（2）中耕松土　缓苗后进行3～4次中耕松土，由近及远，由浅到深，结合中耕给瓜苗培垄，最终形成小高垄栽培。

（3）水分管理　定植后要浇1次缓苗水，以后不干不浇。当黄瓜长到12片叶后，约60%的秧上都长有12cm左右的小瓜时，浇第2水，进入结瓜期后，需水量增加，要因长势、天气等因素调整浇水间隔期，黄瓜生长前期间隔7~10天浇一次水，中期间隔5~7天浇一次水，后期间隔3~5天浇一次水，前期浇水以晴天上午浇水为好，浇水后加强升温排湿及百菌清烟剂夜晚保护等防病措施。

（4）湿度管理　大棚黄瓜相对湿度应控制在85%以下，尽量要使叶片不结露、无滴水，最好采用长寿流滴减雾大棚膜。晴天上午浇水后要先闭棚升温至33℃，而后缓慢打开风口放风排湿。气温降至25℃，关闭风口，如此一天进行2~3次，连续进行2~3天，降低棚内空气湿度。

（5）追肥　根瓜坐果后，应及时结合浇水每667m^{2}施尿素10~15kg，硫酸钾10kg。为防止浇水引起地温降低，浇水宜选晴天上午进行，实行隔沟灌水。

腰瓜采摘之后，黄瓜转入结果高峰期，也是提高黄瓜产量的关键时期。此期黄瓜生长量大，结果数量增加，要求有充足的肥水，此期也是果实采收最旺盛的时期。第一次采收后，需要重施追肥，可结合中耕、培土把肥料埋入土中，一般每667m^{2}施复合肥20kg，或尿素和硫酸钾各10kg，以后隔10天左右追施1次，以供果实不断生长的需要。追肥一般5~7天施1次，也可每采收一次果追施一次肥，追肥每次每667m^{2}用复合肥40kg、硫酸钾20kg，或每667m^{2}追人粪800~1 000kg，坐果后用2%磷酸二氢钾等叶面肥喷施，可促进叶色浓绿，提高果实品质，延长采收期，提高产量。

结果中后期植株老化，吸肥力下降，可采用根外追肥方法。一般叶面喷施1%~3%过磷酸钙浸出液，或2%~3%硫酸钾溶液，或0.1%~1%尿素液，或2%~3%复合肥溶液，每隔7~10天喷1次，在清晨或傍晚喷施效果较好。

（6）植株调整

①吊蔓。当植株长到7~8片叶时，株高25cm左右，去掉小

拱棚，开始吊绳。用聚丙烯绳下端拴在殃茎部，绳的上端缠绕一段，作为以后落蔓时使用，然后系顶部的细铁丝上，同时将瓜蔓引到吊绳上，进行“S”形绑蔓。

②摘卷须和雄花。结合绑蔓及时去除雄花，打掉卷须。

③整枝。疏除基部第5节以下的侧枝。第5节以上的侧枝可留1条瓜，在瓜前留下2个叶片摘心。

④落蔓与打老叶。及时摘除化瓜、弯瓜、畸形瓜，及时打掉下部的老黄叶和病叶，摘除已收完瓜的侧枝。植株长满架时，主蔓茎部已摘掉了老叶，应将顶留的吊绳解开放下，使蔓基部盘卧地面上，为植株继续生长腾出空间，并根据植株生长情况，隔一段时间落一次蔓。

6. 采收

（1）采收时机　采瓜以早晨为宜。根瓜要早摘，初收每隔2～3天进行1次，盛瓜期可每日采收，每次采收后，植株上保持1～2条幼瓜，用来协调营养生长和生殖生长的关系，使瓜秧壮而不旺，促进植株高产。

（2）采收标准　对弱株要早采，少留瓜胎；旺株可多留几个后备瓜胎。通过采瓜、留瓜来调节秧子长势。

在进入盛瓜期各种条件适宜的情况下，从雌花开放到采收，需8～10天，瓜长20cm左右，重150～200g。每株能采8～10条瓜。

（3）采收方法

①黄瓜采收时，应轻摘轻放，尽量防止机械损伤。

②采摘时用剪刀将瓜柄剪下，注意不要碰伤瘤刺和顶花。

③采收后，要根据大小、果实形状、有无损伤等进行分级，以提高黄瓜的商品性。

④采收分级后装筐，立即运往收购工厂销售加工。

⑤中、后期采收时，果实多在枝叶覆盖之下，要翻蔓检查采摘，翻蔓宜轻，翻后立即复还原位，以防茎叶和果实受伤。

（二）西瓜标准化生产

1. 栽培方式

（1）露地栽培　春茬、越夏连秋茬、晚秋茬。

（2）塑料大棚栽培　早春茬、秋延后。

（3）日光温室栽培　冬春茬、早春茬、秋冬茬。

大棚西瓜由于上市早、产量稳、质量好、效益高，种植西瓜已成为不少地区农业结构调整的热点产业，促进农民增收重要支柱项目。本书这种介绍大棚西瓜早春茬生产技术。

2. 品种选择

（1）依据市场消费　选用品种时要尽量根据销售地的远近，照顾当地消费者的习惯，以满足人们的需要。通常选择标准有：含糖量高，风味佳；果皮鲜艳、美观；大小适中，特色鲜明，一般早熟栽培的西瓜以单果重 3～4kg 的中果型品种，如冰糖瓜（早佳8424）、京欣系列、新和平等。小果型礼品西瓜成熟期短、结果性强、多批次坐瓜，适合大棚栽培。主栽品种有早春红玉、拿比特、红小玉、特小凤、极品春玉王、春晖、春光等。

（2）生产者的角度　在选用品种时，还要考虑到品种的早熟性、丰产性、抗病性和耐贮藏运输等因素。大中城市郊区或大面积集中产区，早春为早上市，抢高价，应选择早熟性好、品质优、对早春低温等不良环境适应性强、坐果容易而且对采收期要求不太严格的品种。

远离大城市，交通运输不便，春季西瓜价格变幅不大的地区，品种特性应以高产为主，选择中早熟、丰产性好、抗逆性强、坐果整齐的品种，这类品种虽成熟期较早熟品种晚 2～3 天，但由于产量高，往往也能获得较高的经济效益。

3. 培育壮苗

（1）育苗设施　选避风向阳、地势平坦、排灌方便、近电源的地段作苗床，大棚 4 膜覆盖（3 层拱棚 1 层地膜），电热线加温，穴盘播种育苗。床宽 1.2m，挖成深 5cm 的凹槽，底垫稻壳或草木灰，上铺地膜，膜上铺电热线（100W/m^2）。

电热线布线间距根据 1m^2 所需功率和电热线的规格来决定，如 3 月下旬预计要求土温达 20～28℃，1m^2 功率为 50～70W，此时用 800W 电热线，布线间距为 10～13.5cm；若用 1 000W 电热线，布线间距为 14cm。为克服苗床四周温度较低弊病，边行间距可适当缩小，中间适当放宽，而全床平均间距不变。

加温线与控温仪配合使用，可以自动控制床土温度。初次使用可请电工按照使用说明书接线，以免发生意外。电热温床耗电量大，费用高，为了节省能源，降低成本，把电热温床设在大、中棚内，或将地热线与酿热物并用，垫装酿热物代替隔热层，然后布电热线，当有机物释放热量不足时，再行通电，可进一步提高苗床的保温性能。

（2）精心播种 播种期一般可选在 1 月中旬至 2 月初，3 月上旬定植。播种前 1 天通电升温，夜晚在小拱棚上加盖麻袋或草苫，封严 3 层棚膜。

（3）苗床管理重点

①出苗期。保持白天棚温 30℃，夜晚 18℃以上。出苗前不浇水，遇雨雪天气，及时清除大棚上的积雪。

②子叶期。苗床温度白天控制在 25～30℃，夜间稳定在 15℃左右，预防出现高脚苗。早揭晚盖小拱棚上的覆盖物，中午揭开小拱棚头逐渐加大通风量。

③真叶期。白天控制温度 25℃，夜晚 15℃。发根促壮苗。勤揭勤盖覆盖物，延长光照时间，加大通风量，适度炼苗，营养钵面土干燥时，10:00 浇 30～35℃温水，撒一层细土以利保墒。

④定植期。定植前 7 天逐渐揭掉小拱棚膜炼苗，以适应大棚环境，定植前 3 天，喷施 1 次杀菌剂，适量浇 1 次水，保持营养钵的湿度，便于移苗定植。

4. 整地、施肥、定植

（1）选择土地 为防止西瓜枯萎病为害，保证产品质量，必须把好选地关。首选水稻田，其次选择5年以上未种植瓜类的旱地。所选的瓜地应该达到避风向阳、地势平坦、旱涝保收、排灌便利、道路畅通要求。

（2）整地作畦　选择土地以后，年前翻耕充分炕土，年后将瓜地一耕两耙，达到土壤散碎、疏松、平展。厢长40m、宽6.2m，棚内作2畦。围沟宽40cm、深50cm；棚间沟宽30cm、深40cm；畦沟宽30cm、深30cm。

（3）施足底肥　每667m² 施三元复合肥25kg、硫酸钾10kg、硼砂1kg，腐熟厩肥5 000kg，充分混匀，定植前15天，在瓜畦中间开施肥沟，4成施入定植沟中，6成均匀撒在畦面上，用耕整机耙，让土、肥融合。

（4）搭建大棚，配套滴灌　大棚3膜覆盖，以利早春升温保温，早播种、早定植、早上市；全程覆盖避免雨淋，控制病害，预防早衰，延长生长期，多批次坐瓜，提高单产；提高瓜整齐度和品质。

①大棚规格。大棚长40m、宽5.2m、棚顶高1.8m，净面积208m²，棚间距1m。成片大棚，正中间的大棚长度应该缩短至30m，以利夏秋两季散热降温。每667m² 可建大棚2.5个，需架材和农膜数量：楠竹110片或小圆竹222支，小拱棚竹片150支，顶撑15支，钢丝绳135m，大棚膜60kg，小拱棚膜15kg，地膜15kg。大棚膜选宽7.5m、厚0.07mm长寿无滴膜，小拱棚膜和地膜均选用宽度3m、厚0.016mm地膜。

②滴灌设备。滴灌管道选择主管直径75mm、支管直径50mm的塑胶管。并配置接头、分水阀等配件。主管铺设在大棚南面，支管离定植行30cm铺设。滴灌容器为容量100kg水的塑料桶2~4个，用于溶解稀释肥料。动力设备选扬程30m的水泵、功率2.2kW电动机或175型4.4kW柴油机配组。施药动力设备选40型号泵+4.4kW柴油机；4 500~6 000亩配备1组套。

（5）大棚消毒

①空气消毒。在定植前7～10天。$1m^3$用硫黄4g、锯末8g混匀，放在容器内燃烧，时间宜在晚上7时左右进行，熏烟密闭24小时。也可以按$1m^3$用25%百菌清1g、锯末8g混匀，点燃熏烟消毒。

②棚架、设备、工具等消毒。用1∶（50～100）的福尔马林水溶液洗刷或喷洒。

③土壤消毒。要根据大棚土壤的病虫种类选用农药，在定植前10～15天进行。枯萎病发生严重的大棚，可向垄沟或地面喷浇100～200倍福尔马林液，然后用薄膜覆盖5天，半月后药剂全部挥发完毕，即可播种和定植。其他病害可用50%多菌灵、50%甲基托布津或70%敌克松1 000倍液喷洒土壤，或拌成毒土撒施后翻入土中。有地下害虫的大棚地，可以在土壤处理时加一定数量的杀虫剂。

④沟（穴）消毒。西瓜枯萎病严重的地块，在定植前未进行土壤消毒或者消毒质量不好的，还可以在定植沟（穴）内，每$667m^2$用50%甲基托布津1.25kg，或50%多菌灵0.75kg，或70%五氯硝基苯1kg左右进行消毒。以上药剂要先按药粉1份和细干土100份掺拌均匀，然后撒布在定植沟（穴）内。

（6）定植　选晴天上午定植，去除病苗、弱苗、畸形苗。轻拿轻放，不要损伤根系，栽苗时扶正，用营养土壅蔸，小果型品种株距55cm，中果型品种株距75cm，用0.2%磷酸二氢钾液定根。满幅覆盖地膜，扣紧小拱棚，密封大棚。

5. 田间管理

（1）严格整枝，辅助授粉

①整枝。当主蔓延伸时，把蔓理直、排匀，以后只要把生长点排正就行，一般理3～4次。伸蔓期开始整枝。一是留1主蔓2侧蔓，其余的分枝全部去除；二是团棵期打顶，选留3条健壮子蔓。坐第一批瓜以前，彻底整枝抹芽，集中营养供应花芽分化，

有利多结瓜。整枝以后将瓜蔓斜向均匀地摆放在畦面两侧。采收第二批瓜后放任生长，增加分枝。

②压蔓。西瓜蔓长至40cm以后及时压蔓，以后每隔4~6节压1次，共压3~4次。主蔓、侧蔓都要压，宜在下午压蔓。在预留雌花的前方压蔓，坐瓜前后两节不压，以免伤害瓜蔓。压蔓时让出雌花，以便授粉。长势强的植株压在近生长点处，压大土块；长势弱的压在离生长点较远处，压小土块，坐瓜前对瓜蔓近头深压、紧压，或用大土块压瓜蔓（靠近生长点2~3cm处）。坐瓜节到根之间轻压，靠近尖端几节重压。地爬式栽培在瓜蔓长40~50cm时第一次压蔓，以固定植株、增加不定根数量。

③摘心打叉。按照整枝计划，分次进行打叉整枝，第一次整枝应在主蔓第2~3朵雌花开花，并在坐瓜节位前3~4节将瓜蔓捏扁。雌花节位前后形成若干生长较旺的侧枝时，应及时剪除侧枝，当主蔓坐果有鸡蛋大时，整枝就应停止。

④授粉。摘除瓜蔓上的第1雌花，出现第2雌花时，用强力坐果灵每袋对水1.5~2kg喷幼瓜。用不同色油漆标记，记录喷施日期，便于采收时鉴别成熟度。

（2）滴灌施肥，调节营养

①点施苗肥。缓苗肥以追平衡肥和叶面肥为主，用0.2%磷酸二氢钾溶液或氨基酸叶面肥喷雾，长势较弱的瓜苗用0.2%的三元复合肥溶液点施。伸蔓肥：看苗追肥，长势强劲的瓜苗不施，反之可酌情轻施。

②滴灌膨瓜。第一批幼瓜长到鸡蛋大小时，每667m^{2}施三元复合肥10~1.5kg、磷酸二氢钾1kg，先用水溶解混合，再按等量分批倒入大容器中，每667m^{2}用水量200~300kg，启动动力，每批滴灌3~4个大棚，时间30~40分钟。以后每采收1次就要及时滴灌1次肥。

③巧施叶肥。为了确保大棚西瓜后期不早衰，在每次采收时不要损伤蔓、叶，除了根部滴灌补充养分，还应该合理应用生长

调节剂和叶面肥，以刺激生长，护根保叶、增加花芽分化数量，促进果实膨大、改善产品品质。主要叶面喷施0.2%磷酸二氢钾、1 200～1 500倍液稀土氨基酸类喷施或灌根、2 000～2 500倍液施镁肽叶面喷雾、4 000～6 000倍爱多收叶面喷雾等。

6. 采收

(1) 综合鉴定成熟的几种方式

①依据西瓜的熟性采收。西瓜一般分早、中、晚熟3个类型，生产商在包装上都注明了成熟的天数，可以参照成熟期作为采收的依据。但是值得注意的是每年的西瓜膨大过程中气候温度有时相差较大，有效积温（日平均温度在15℃以上逐日平均气温累计起来）使西瓜成熟期提前几天或延迟几天，所以，要根据每年天气变化推算采收期。要准确判断西瓜的成熟度，需要在包装上注明的成熟天数前几天摘一个西瓜剖开进行检验。西瓜雌花一般同天开放一批，再间隔几天又同天开放一批，因此，西瓜的成熟是批量的。

②观察形态特征。其一观察果皮，成熟的西瓜果皮表面花纹清晰，并富有光泽，与地面接触的果皮呈老黄色；其二观察果柄，果柄上的绒毛大部分脱落退净，略有收缩；其三观察节位上的卷须，瓜前面两节间的卷须枯萎；最后用手指弹瓜听音，发出清脆声音为生瓜，发出浊音为熟瓜。无籽西瓜皮较厚而坚硬，很难用手摸指弹听声音的传统方法鉴别。

(2) 采收时间和方法

①采收以上午为宜。因为西瓜经过夜间冷凉后内部温度较低，采收后不致因瓜内温度过高而加速呼吸，影响品质和贮存。

②雨后或灌水后3天内不要采收。因为西瓜吸水过多有段“返生”过程使糖分降低。

③采收时留果柄。作为新鲜瓜的标志和延长贮存期。

④在采收、搬运等过程中要轻摘轻放，防止挤压造成西瓜内部损伤，使西瓜失去食用价值。

（3）西瓜贮藏

为了提高经济效益，避开西瓜市场的旺期，可作短期的室内贮藏，其技术要点如下。

①适时采收。作为贮藏的西瓜应在八至九成熟时采收，增强贮藏能力，贮藏中亦能后熟。

②留蔓采收。若作较长一段时间贮藏应在采收时在果柄节两边各留一节蔓叶（如果叶面已感病则不可留蔓叶，采收时只留果柄），防止伤口感染影响贮藏。

③选留健果。凡是皮上有伤口、病斑以及成熟过度的瓜全部拣出去。在贮藏期间要定期检查，发现瓜表皮感病及时处理，防止传染。

④消毒垫草。西瓜贮放前，用1∶1∶100等量式波尔多液进行墙壁、地面消毒，然后垫一薄层稻草，增加地面的柔性。

⑤控制堆层。最好不超过4层，以防压坏底层西瓜，有条件的农户可搭架分层堆放贮藏。

⑥通风降温。要尽可能降低贮藏室湿度，同时又要求保持一定的湿度。一般正常晴天白天紧闭门窗，夜间敞开门窗，阴雨天白天和夜间均可敞开门窗通风，除了定期检查西瓜感病情况外，禁止闲杂人员入内。按上述要求贮藏，可在室内存放10天左右。

（三）西葫芦生产技术

1. 西葫芦栽培方式（本书着重介绍大棚西葫芦秋延后生产技术。）

（1）露地栽培　早春茬、越夏连秋茬、晚秋茬

（2）塑料棚栽培　早春茬、秋延后。

（3）日光温室栽培　冬春茬、早春茬、秋冬茬。

2. 品种选择

秋延迟西葫芦宜选用早熟、抗病、耐湿、并耐低温性较强的丰产品种，如早青一代、阿太西葫芦等。

3. 培育壮苗

(1) 播种期　秋延迟西葫芦一般6月中旬至7月初播种。由于秋延迟栽培温度渐低，光照差，易早衰，宜采用嫁接法栽培。一般采用靠接法，西葫芦播种2~3天后，再播种黑籽南瓜。

(2) 浸种催芽　南瓜种、西葫芦种的浸种催芽方法相同。先用清水漂去成熟度较差的种子，再把种子倒入55℃的水中，不断搅拌，当水温降至30℃时，再浸泡4~6小时，用清水冲洗干净，沥去明水，用纱布包好，放在25~30℃环境中催芽。

(3) 苗床准备　6—7月阴雨天多，亩床应选择地势高、能浇能排、疏松、肥沃的土壤。近年来未种过瓜类蔬菜的地块，提前10天施入熟化鸡粪，$1m^2$苗床10kg，并用多菌灵进行土壤灭菌，翻整好后，做成1.2m宽的畦子。

(4) 播种　按5~8cm株行距播西葫芦种子，覆土3cm，3天后用同样方法播黑籽南瓜种子。播后为防止畦面干燥及雨水冲淋而影响出苗，插小拱棚覆盖薄膜，但温度要控制在25~28℃，高于28℃要及时放风，待70%出苗后，可以撤去薄膜，防止徒长。

(5) 嫁接与管理　西葫芦第一片子叶微展为嫁接适期。采用靠接法：挖出砧木苗子，剔除砧木生长点，在砧木子叶下0.5~1cm处用刀片做45°角向下削一刀，深达胚轴的2/5~1/2处，长约1cm。然后取接穗（西葫芦）在子叶下1.5cm处，用刀片作45°角向上削切，深达胚轴的1/2~2/3，长度与砧木相等，将砧木和接穗的接口相吻合，夹上嫁接夹，栽到做好的苗床上，边栽边浇水，并同时盖拱棚覆膜，盖上草帘，遮阴3~4天，逐渐撤去草帘，10天后切断西葫芦接口下的胚根，伤口愈合后，加大通风量炼苗，一般经过30~40天苗子3叶1心到4叶1心为定植适期。

4. 整地、施肥、定植

(1) 施肥、整地、做畦　选择近年来未种过瓜类蔬菜，土壤肥沃疏松的地块，建造大棚，每亩施入腐熟厩肥4 000~5 000kg，磷酸二氢铵25kg，N、P、K复合肥15kg，尿素15kg，深翻15cm，耙碎，做成高15～20cm，宽70cm的畦，用黑色除草膜进行覆盖。

（2）搭建大棚，配套滴灌　大棚早期盖天膜，覆盖遮阴遮光网，通风降温，后期覆盖内膜保温。全程覆盖避免雨淋，控制病害，预防早衰，延长生长期，多批次坐瓜，提高单产，提高瓜条整齐度和品质。

①大棚规格　大棚长50m、宽8m、顶高3.35m，拱间距为1m，主骨架全部采用热镀锌钢管，单栋建筑面积400m^2，棚间距2m。在大棚两侧留有手动通风口，可以加盖防虫网密封防治害虫成虫进入棚室。8月中旬至9月上旬大棚外覆盖遮阴网，防治强光高温危害。

②滴灌设备。滴灌管道选择主管直径75mm、支管直径50mm的塑胶管。并配置接头、分水阀等配件。主管铺设在大棚南面，支管离定植行30cm铺设。滴灌容器为容量100kg水的塑料桶2～4个，用于溶解稀释肥料。动力设备选扬程30m的水泵、功率2.2kW电动机或175型4.4kW柴油机配组。施药动力设备选40型号泵+4.4kW柴油机；4 500～6 000亩配备1组套。

（3）大棚消毒

①空气消毒。在定植前7～10天。1m^{3}用硫黄4g、锯末8g混匀，放在容器内燃烧，时间宜在晚上7时左右进行，熏烟密闭24小时。也可以按1m^{3}用25%百菌清1g、锯末8g混匀，点燃熏烟消毒。

②土壤消毒。要根据大棚土壤的病虫种类选用农药，在定植前10～15天进行。枯萎病发生严重的大棚，可向垄沟或地面喷浇100～200倍福尔马林液，然后用薄膜覆盖5天，半月后药剂全部挥发完毕，即可播种和定植。其他病害可用50%多菌灵、50%甲基托布津或70%敌克松1 000倍液喷洒土壤，或拌成毒土撒施后翻入土中。在土壤处理时加一定数量的敌百虫杀虫剂。防治地

下害虫。

(4) 定植 选择阴天全天或晴天16:00以后或高温天夜间定植，起苗前剔除病虫苗、弱苗、杂苗，多带土，边栽边浇定根水。定根水要适度，复水要及时浇透。每畦双行，株距50cm，每667m² 栽植2 200株。

5. 田间管理

(1) 温度管理 定植后8月中旬至9月上旬，棚膜只覆盖天膜，不覆盖裙膜，前后棚头和通风口覆盖防虫网，与外界温度基本保持一致，同时在晴天11:00～15:00覆盖遮阴网防强光高温，防治病毒病。9月上旬至10月上旬棚膜只覆盖天膜，但前后棚头覆盖薄膜，通风口依然覆盖防虫网，保持与外界温度基本一致。10月中旬以后大棚全覆盖，温度控制在20～25℃，超过30℃时及时放风。随着外界温度逐渐降低，气温在12～15℃时，夜间要加盖草帘，但要早揭晚盖延长光照时间，第一雌花开放前，温度22～25℃，根瓜坐住后，温度22～28℃，促进果实生长发育。中后期往往有寒流并伴随雨雪，要注意保温，温度不低于8℃，内外保温覆盖物要早揭早盖，并减少通风。

(2) 滴灌施肥，调节营养

①点施苗肥。缓苗肥以追平衡肥和叶面肥为主，用0.2%磷酸二氢钾溶液或氨基酸叶面肥喷雾，长势较弱的瓜苗用0.2%的三元复合肥溶液点施。伸蔓肥：看苗追肥，长势强劲的瓜苗不施，反之可酌情轻施。

②滴灌膨瓜。第一批幼瓜长到鸡蛋大小时，每667m² 施三元复合肥10～1.5kg、磷酸二氢钾1kg，先用水溶解混合，再按等量分批倒入大容器中，每667m² 用水量200～300kg，启动动力，每批灌3～4个大棚，时间30～40分钟。以后每采收1次就要及时滴灌1次肥。

③巧施叶肥。为了确保大棚西瓜后期不早衰，在每次采收时不要损伤蔓、叶，除了根部滴灌补充养分，还应该合理应用生长

调节剂和叶面肥，以刺激生长，护根保叶、增加花芽分化数量，促进果实膨大、改善产品品质。主要叶面喷施0.2%磷酸二氢钾、1 200～1 500倍液稀土氨基酸类喷施或灌根、2 000～2 500倍液施镁肽叶面喷雾、4 000～6 000倍爱多收叶面喷雾等。

④施用二氧化碳气肥。从第一根瓜坐住后开始，为弥补光照不足，气温低，光合作用弱，植株长势差，除适时适量叶面喷施磷酸二氢钾或光合微肥外，应特别注重二氧化碳气肥的施用。一般择晴天上午日出揭苫后半小时左右，温度升至15℃时开始吊挂新型二氧化碳气肥，每667m^{2}需15～20袋，3～5天1次，每次2小时，可提高坐果率，延长结果期。

(3) 生长调节剂使用　生长调节剂使用。由于大棚内光照差、植株长势弱，湿度大，易化瓜，雌花开放8～10时用15～30mg/kg的2,4－D涂花柄及花柱，以利坐瓜。

(4) 植株调整

①吊蔓。西葫芦8片叶子后，用聚丙烯绳下端拴在茎基部，绳的上端缠绕一段，作为以后落蔓时使用，然后系顶部的细铁丝上，同时将瓜蔓引到吊绳上，进行“S”形绑蔓。田间植株的生长往往高矮不一，要进行整蔓，扶弱抑强，使植株高矮一致，互不遮光。

②整枝打叉。吊蔓、绑蔓时还要随时摘除主蔓上形成的侧芽，单蔓整枝。

③疏花疏果。在西葫芦开花前一天或开花当天9:00～11:00时抹瓜最好。疏除雌花数量的多少，应依据瓜秧长势而定。长势弱者，应先疏除根瓜，以后再每3节左右留1雌花；瓜秧长势健壮的可留下根瓜，但应及早采收，以后每2节左右留1雌花。

④落蔓与打老叶。及时打掉下部的老黄叶和病叶。植株长满架时，主蔓茎部已摘掉了老叶，应将顶留的吊绳解开放下，使蔓基部盘卧地面上，为植株继续生长腾出空间，并根据植株生长情况，隔一段时间落一次蔓。

6. 采收

(1) 采收标准

①对弱株早采，少留瓜胎；旺株可多留几个后备瓜胎。通过采瓜、留瓜来调节秧子长势。

②在进入盛瓜期各种条件适宜的情况下，从雌花开放到采收，需 8～10 天，瓜长 20cm 左右，重 500～1 500g。每株能采 8～10 条瓜。

(2) 采收

①西葫芦采收时，应轻摘轻放，尽量防止机械损伤。

②采摘时用剪刀将瓜柄剪下，注意不要碰伤果实。

③采收后，要根据大小、果实形状、有无损伤等进行分级，以提高西葫芦的品性。

④采收分级后装筐，立即运往收购工厂销售售加工。

⑤中、后期采收时，果实多在枝叶覆盖之下，要翻蔓检查采摘，翻蔓宜轻，翻后立即复还原位，以防茎叶和果实受伤。

三、根菜类蔬菜标准化生产技术

(一) 胡萝卜周年生产栽培技术

1. 品种选择

胡萝卜生产以整形保鲜、加工出口为主要目标，因此对品种选择的标准是肉质根肥大，外皮、肉质及中心柱皆为橙红色，且中心柱较细，增产潜力大，生态适应性强。目前种植的品种主要是黑田五寸、改良黑田五寸、五寸神和红誉五寸等。

2. 茬次安排

(1) 春茬露地栽培　2 月下旬至 3 月上旬播种，3 月中下旬出苗，4 月上中旬定苗，6 月上中旬收获。

(2) 秋茬露地栽培　7 月下旬至 8 月上旬播种，8 月上中旬出苗，10月中下旬收获，部分农户采用田间盖地膜，以胡萝卜叶作为保护物，可延迟到翌年2月采收上市。

（3）大拱棚秋延迟栽培　9月上中旬播种，10上旬定苗，翌年1~2月陆续收获。

（4）大棚春提早栽培　12月下旬至翌年1月上旬播种，1月中旬至2月上旬定苗，5月上中旬收获。

目前，在上述四种栽培茬口的基础上，可适时提前或者推迟播种期，逐渐形成了一年四季有播种、有收获的周年供应态势。

3. 整地施肥、起高垄

选择土层深厚、疏松透气、排水良好的沙质壤土。前茬作物收获后及时深翻晒土，翻耕深度30cm，结合深翻每667m^{2}施入腐熟有机肥3 000~5 000kg、尿素10kg、过磷酸钙20kg。耙细整平。以起垄栽培取代原来的平畦栽培。秋露地和大棚秋延迟栽培时，垄高25~30cm，垄距50~60cm，株距15~20cm，每垄播一行；春露地栽培和大棚春提早栽培时，其他参数不变，适当缩小株距，设为12~18cm。改变栽培方式后，种植密度大大减小，改善了单株土壤营养和光照条件，有利于提高胡萝卜的产量和商品性。

4. 播种

（1）种子处理　播种前用温水浸种12小时左右，捞出后晾干，用纱布包好放在20~25℃条件下催芽5~7天，当1/2的种子露白时即可播；也可浸种后，直接播种。

（2）播种　播种方式有机械播种和常规播种。菜农开发研制的胡萝卜专用播种机已大面积推广应用。常规播种可划沟条播，将种子拌入细潮土，均匀撒入沟中；也可采用穴播，每穴播3粒种子。播种深度1.5~2cm。播后稍镇压，喷施除草剂。每667m^{2}用50%的扑草净100ml加水稀释成200倍液，或用除草通（施田补）乳油150~200ml对水50kg均匀喷洒垄面。随后覆盖地膜，并顺走道浇水，水量以渗透垄面为宜。胡萝卜出苗较慢，播种到出苗需 9~10 天，出苗后注意破膜放苗。

5. 田间管理

（1）温度管理　胡萝卜春提早茬次先期抽薹现象发生往往比较严重，要注意增加保温措施，大棚外膜封闭严实，棚内加挂二道幕，大棚四周夜间用草苫围护，白天尽量减少通风次数；秋延迟茬次从 11 月下旬开始加挂二道幕，1 月上中旬开始四周围护草苫，防止后期冻害的发生。

（2）间苗、培土　胡萝卜在 1~2 片真叶时进行第 1 次间苗，3~4 叶时进行第 2 次间苗，5~6 片真叶时定苗。肉质根膨大前期，一般在定苗后 25~35 天，将行间土培向垄面植株根部，使根颈没入土中，防止见光转绿，出现“青头”。

（3）水分管理　苗期土壤保持湿润，土壤相对湿度 65%~75%；肉质根膨大前适当控制水分，防止植株徒长；肉质根膨大时，需水量增加，应经常保持田间湿润，每次浇水要均匀，忌大水漫灌，同时防止田间积水。

（4）追肥　追肥一般分 2 次进行，第一次追肥在 3~4 片真叶时，每 667m^2 施硫酸铵 3~5kg；经 25~30 天后，幼苗 7~8 片真叶时进行第二次追肥，每 667m^2 施硫酸铵 7.5kg、氯化钾 3~3.5kg。2 次追肥均宜将化肥加水稀释 150~200 倍后均匀浇施。

（5）化学控制植株徒长　肉质根膨大期以前，如果发生地上部徒长，用 15% 的多效唑可湿性粉剂 1 500倍液喷施叶片，可抑制叶丛旺长，促进肉质根膨大。

6. 防止先期抽薹和畸形根产生

（1）先期抽薹　主要发生在春提早和春露地栽培两个茬次。防止前期抽薹的措施有：一要选用对低温不敏感、抗抽薹的品种，如红誉五寸等；二是要注意苗期提高棚内温度，降低可通过花芽分化植株的比例。

（2）畸形根　常见的畸形根有分叉、裂根、弯曲、瘤状突起、青肩、长须根及颜色变异等。肉质根的形成要求有良好的土壤条件、气候条件与栽培技术。如果耕作层太浅，土壤粗糙且有石块，或用未腐熟有机肥，易导致分叉、弯曲；土壤黏重透气性差容易产生瘤状突起、须根；生育期间水分供应不均匀，忽干忽湿，易导致裂根的增加；耕层太浅，根膨大期不注意培土，容易产生根顶部青肩；春播期太晚，使肉质根膨大期处在7—8月高温期，导致胡萝卜素、茄红素的积累受阻，产生颜色变异，发白或发黄现象。要防止胡萝卜畸形根的发生，应增施有机肥以改良土壤条件，严格水肥管理，注意温度调节，适时搞好培土。

7. 采收与储藏

(1) 采收时机　胡萝卜肉质根中胡萝卜素的形成主要在生长后期，所以越到成熟，肉质根的颜色越深，同时葡萄糖逐渐转变为蔗糖，粗纤维和淀粉逐渐减少，营养价值增高，品质柔嫩，味甜。因此，以在肉质根充分膨大后采收为宜。收获过早，肉质根未充分长大，甜味淡，产量低，品质差；收获过迟，则心柱变粗，肉质根容易硬化，或遭受冻害而不耐贮藏。

收获适期可从植株特征判断，肉质根成熟时大多数品种表现心叶呈黄绿色，外叶稍有枯黄状，因直根的肥大，地面会出现裂纹，有的根头部稍露出土表。一般来说，早熟品种播种后60天左右，中晚熟品种播种后90~150天即可收获。

(2) 采收方法　采收方法一般都以铲、锹、齿镐等挖掘，也可用犁翻出拣拾，但不能用于长根型品种。胡萝卜产量较高，长根型品种一般每667m^2 产量为2 500kg，高产可达5 000kg。

(3) 贮藏方法

①沟藏。沟藏法操作简便、经济，且能满足直根类对贮藏条件的要求，因此仍然是当前最主要的贮藏方式。用于沟藏的沟一般宽1.0~1.5m，过宽则增大气温的影响，减小土壤的保温作用，难以维持沟内的稳定低温。沟的深度应当比当地冬季的冻土层稍深些。山西省原平市的贮沟深度一般为1.0~1.2m。

②窖藏和通风库贮藏。窖藏和通风库贮藏胡萝卜也是北方各

地常用的方法，贮藏量大，管理方便。胡萝卜在窖内或库内散堆或堆垛，堆高0.8～1.0m。堆不能过高，否则因为堆内温度高而导致腐烂。为了增进通风散热效果，可每隔1.5～2.0m设一通风塔。贮藏中一般不倒动，立春后视情况检查倒垛，除去病腐胡萝卜。在窖或库内用湿沙与胡萝卜层积堆放比散堆效果好，这是因为前者比后者保湿性好，并容易积累高浓度的二氧化碳。由于胡萝卜不耐寒，入窖时间应在贮藏大白菜之前，以防霜冻。通风库贮藏，经常湿度偏低，故应采取加湿措施。

③薄膜封闭贮藏。近年来，有的地区采用了薄膜半封闭的方法贮藏胡萝卜。先在贮库内将胡萝卜堆成宽0.1～1.2m、高1.2～1.5m、长4～5m的长方形堆，到初春萌芽前用薄膜帐子扣上，堆底部不铺薄膜，因此又称为半封闭贮藏。适当降低氧气的体积分数、增加二氧化碳的体积分数、保持一定湿度，贮至翌年六七月份，胡萝卜皮色鲜艳、质地清脆，保鲜效果良好。贮藏期间，可定期揭帐通风换气，必要时进行检查、挑选，除去感病个体。

④气调贮藏。气调贮藏胡萝卜的具体方法和气调贮藏其他蔬菜的做法大体相似。贮藏的胡萝卜在入帐之前，要摊晾1天，然后将其装入筐内，码成垛，罩以聚乙烯帐密封，采用自然降氧法进行气调贮藏。实践证明，温度为0～3℃、氧气的体积分数为2%～5%、二氧化碳的体积分数为5%以下的环境条件下贮存胡萝卜至翌年4月底基本能保持鲜嫩状态。有些菜库采用无底塑料帐，帐子四周埋在周围有沟的土内使其密封，帐内氧气的体积分数为6%～7%、二氧化碳的体积分数为5%以下，这样贮存的胡萝卜色泽与含水量都很好。此外，其优点还在于帐内凝结水顺帐壁滴入泥土中，使帐内湿度适中，产品又不致腐烂，到翌年5月份仍能保持高质量的胡萝卜贮藏品。

（二）萝卜标准化生产技术

1. 萝卜的类型和栽培制度

根据生长季节的不同，可分为秋萝卜、春萝卜、夏萝卜和四季萝卜等四类。

（1）秋萝卜　通常于夏末初播种，秋末冬初收获，生长期80～100天。这类萝卜产量高，品质好，耐贮藏，供应期长，是各类萝卜中栽培面积最大的一类。其优良品种有：

青圆脆：产于济南。肉质根短圆筒形，长13～15cm，直径10cm左右，绿皮绿肉，根形光滑美观，单根重0.5～0.8kg。质脆味甜。品质佳，宜生食。生长期90天左右，一般亩产3 500～4 000kg。

心里美：为北京名产。肉质根短圆形，外皮出土部分为绿色，入土部分为黄白色，尾部粉红色，肉质鲜红，一般单根重0.4～0.6kg。抗病耐藏，品质好，为主要生食品种之一。

潍县青：山东潍坊市地方品种。肉质根长圆筒形，尾部稍弯，一般长22～30cm，直径6～7cm，皮翠绿色附白锈，肉绿色，组织致密，耐贮藏。经贮藏后，汁多味甜，为著名的水果萝卜。生长期90天左右，一般亩产2 500～3 000kg。

太湖长白萝卜：为江苏宜兴太湖沿岸特产。肉质根长圆形，皮肉皆白色，单根重1kg左右。根顶有细颈，肉质根全部在地下，故耐旱和耐寒力较强，汁多味甜，品质优，生食熟食皆可，并可腌制加工。

（2）春萝卜和夏萝卜　春萝卜南方栽培较多，晚秋播种，露地越冬，春季采收。北方栽培为春播春收。夏萝卜具有耐热、耐旱、抗病虫的特性，北方多夏播秋收，于9月缺菜季节供应。适于夏秋播种的优良品种有青岛刀把萝卜、泰安伏萝卜、杭州小钩白、南京中秋红萝卜等。

（3）四季萝卜　这类萝卜肉质根小，生长期短（30～40

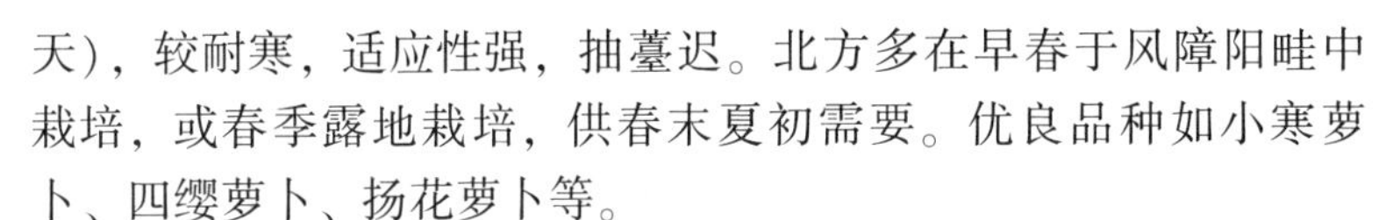

天)，较耐寒，适应性强，抽薹迟。北方多在早春于风障阳畦中栽培，或春季露地栽培，供春末夏初需要。优良品种如小寒萝卜、四缨萝卜、扬花萝卜等。

2. 春萝卜标准化生产技术

(1) 选择地块　选择土层深厚，土质疏松，富含有机质的沙质壤土或壤土。前茬为粮食作物为糯玉米或者蔬菜作物瓜类或豆类。

(2) 整地施肥　冬前深翻土壤，深度达35~35cm，结合深耕每667m^{2}施腐熟有机肥4 000~5 000kg，经过冻融交替，熟化土壤。第二年3月中旬用旋耕机旋耙细碎整平耕地。

(3) 做畦　在3月底起垄，顺垄每667m^{2}撒施草本灰50kg或三元复合肥50kg、过磷酸钙25~30kg、50%辛硫磷乳油3.5升毒土，防治地下害虫。将垄做成鱼脊形垄，垄高15cm，宽40cm，垄距35~40cm。采用单垄单行生产。

(4) 播种　露地春播5cm处地温稳定在12℃以上（日平均温度不低于8℃为原则）即可播种，单垄单行栽培，穴距15~20cm，每穴播5~7粒种子，播种深度1.5cm，覆土、镇压。播种过早，植株易发生抽薹现象，播种过晚则导致糠心以致商品性降低。华北播种期安排为：日光温室12月至翌年1月；大棚栽培2月份，小拱棚栽培3月上、中旬；地膜栽培3月下旬—4月上旬；露地栽培在4月中、下旬。同时还要根据当年气候情况，酌情定播期。目前，在大面积推广春萝卜以前需严格播期试验和品种试验，选耐寒性强，不易抽薹，生育期短，生长快的品种，不可以单纯追求高效益而盲目提前播期，为了保证种植成功和延长供应期，可采用几种方法分2~3批播种。可供选择的品种有白玉春、长春及长春2号等品种。

(5) 播种后管理

①干播。“三水齐苗”播后浇水、隔日浇水、齐苗浇水，做到三水齐苗；随后拉十字期浇第四水，团棵定苗时浇第五水。

②湿播。先浇水，后播种，再覆土，再小水勤浇4～5次，直到定苗。

(6) 幼苗期管理　幼苗期以幼苗叶生长为主。于第一真叶时进行第一次间苗，防止拥挤用幼苗细弱徒长。2～3片真叶时进行第二次间苗，每穴可留苗2～3株。5～6片叶时，可根据品种特性按一定的株距定苗。此外，如气温高而土壤干旱，应用时小水勤浇并配合中耕松土，促进根系生长。定苗后，每667m^2可追施硫酸铵10～15kg，追肥后浇水，并要及时喷洒10%吡虫啉800倍液防治菜螟和蚜虫，喷2次敌百虫800～1 000倍液，以消灭萝卜蝇成虫。

(7) 肉质根生长前期　此期的管理目标是：一方面促进叶片的旺盛生长，形成强大的莲座叶丛，保持强大的同化能力，另一方面还要防止叶片徒长，以免影响肉质根的膨大。

第一次追肥后，可浇水2～3次，当第五叶环多数叶展出时，应适当控制浇水，促进值株用时转入以肉质根旺盛生长为主的时期，此时，还要及时喷洒10%吡虫啉800倍液防治蚜虫，喷施80%代森锰锌可湿性粉剂600倍液预防，发病初期可选用68.75%氟吡菌胺·霜霉威SC（银法利）7 500倍液或60%氟吗·锰锌可湿性粉剂600倍液防治霜霉病。露肩后，可进行第二次追肥，每667m^2追施复合肥25～30kg。

(8) 肉质根生长盛期　此期是萝卜产品器官形成的主要时期，需肥水较多，第二次追肥后需及时浇水，以后每3～5天浇水1次，经常保持土壤湿润。若土壤缺水，肉质根生长受阻，肉质根粗糙，辣味重，降低产量和品质。一般于收获前5～7天停止浇水。

(9) 采收和贮藏

①采收标准。当叶色转黄褪色时，肉质根充分膨大，基部圆钝，即达到商品标准，此时即可收获。

②贮藏方法。

土坑贮藏法：将新鲜的萝卜削去顶，去毛根，严格剔除带有虫伤、机械伤、裂口和过小的萝卜。挖一个1m见方的土坑，将萝卜根朝上，顶朝下，斜靠坑壁，按顺序码紧。码齐一层萝卜，撒上一层10cm左右厚的净土，如此交替码放，共码四层。若坑土过干，可适当喷水湿润。最后一层码好后，要根据气候变化逐渐加厚土壤层，天暖少覆土，来强寒流时多覆土，小寒前后覆土完毕，土厚共1m。质量好的萝卜，入坑前不受热，入坑后不受冻，能贮存到来年3月上旬。

泥浆贮藏法：把萝卜削顶，放到黄泥浆中滚一圈，使萝卜结一层泥壳，堆放到阴凉的地方即可。如果在萝卜堆外再培一层湿土，效果更好。

四、白菜类蔬菜标准化生产技术

（一）大白菜标准化生产技术

1. 大白菜的种植季节

根据形态特征、生物学特性及栽培特点，大白菜可分为秋大白菜、春白菜和夏白菜，各包括不同类型品种。

（1）秋大白菜　中国北方广泛栽培、品种多。株型直立或束腰，以秋冬栽培为主。本任务谈的即是秋大白菜。

（2）春白菜　植株多开展，少数直立或微束腰。冬性强、耐寒、丰产。按抽薹早晚和供应期又分为早春菜和晚春菜。

（3）夏白菜　夏秋高温季节栽培，又称“火白菜”、“伏菜”。

2. 播种

（1）选地　白菜田要求与玉米实行3年以上的轮作，且不与十字花科作物连作。种植前要求选择阳光充足、土层深厚、疏松肥沃、附近有水源且排灌方便、前茬为瓜豆类作物的沙壤土或轻黏壤土为宜。

(2) 整地做畦　耕作时将上茬作物的茎秆及枯枝败叶清理干净。7 月中下旬再重新起垄，将杂草翻入土内，然后施肥，施肥原则是“底肥足，苗期促，莲座期攻，结球期补”以利早发棵，结大球。每 667m^2 施有机肥 5 000kg，并掺施过磷酸钙 30～40kg 或磷酸二铵 20～30kg，将肥施于垄沟内，再用犁破开垄台，使肥料埋入垄内，最后镇压一遍，使垄台土壤紧实保墒，达到播种状态。

土地平整后即可做畦。畦型根据当地土壤条件决定，可作成 1.3～1.7m 的宽畦，或 0.8m 的窄畦、高畦。作畦时要深开畦沟、腰沟，围沟 27cm 以上，做到沟沟相通。

(3) 播种　大白菜对播种期要求严格。播种过早易得病，播种晚了又包心不实，影响产量和品质。中国北方秋白菜一般播期在立秋前后，最迟不超过 8 月中旬。

①种子处理。防霜霉病，可用种子重量的 0.3% 的 25% 甲霜灵可湿粉剂拌种。防黑斑病，用 50℃温水浸种 25 分钟，冷却晾干播种，或用种子重量的 0.2%～0.3% 的 50% 扑海因可湿粉剂拌种。

②确定合理种植密度。合理密植是大白菜增产的重要技术。大白菜的行株距：早熟品种：(55～60) cm × (35～38) cm，3 000～3 500株/667m^2；中熟品种：(60～70) cm × (45～50) cm，2 000～2 500株/667m^2；晚熟品种：(70～75) cm × (55～58) cm，1 600～1 800 株/667m^2。

③播种方式。直播，大白菜一般采用直播方式播种，条播为主，点（穴）播为辅。直播每亩用种量 200g 左右。

育苗，育苗移植，每 667m^2 大田定植，约需苗床 40m^2，用种量 75～100g。

④浇水。播种后，每天早晚各浇水 1 次，保持土壤湿润，3～4 天即可出苗。

3. 田间管理

（1）间苗与定苗　间苗一般要 2～3 次。第一次间苗要尽早，避免发生徒长苗。一般在出苗后 5～6 天进行，留强去弱，苗间距 2～3cm。间隔 5～6 天后第二次间苗，一般幼苗已有 4 片苗叶。条播留苗距 8cm，穴播每穴留苗 3 株左右。再过 5～6 天第三次间苗，按品种定植的株距，在其中间部位只留一苗，使大田中的幼苗均匀分布，株数为需定植株数的 2 倍。

定苗时根据不同品种按一定株距定株或定植，一般隔棵去棵，并在苗期补栽缺苗，更换弱苗、病苗。

（2）中耕、培土　中耕结合间苗进行，分别在第二次间苗后、定苗后。一般趁间苗后或雨后地皮燥白时浅锄，将杂草消灭于萌芽之初，并疏松和干燥地表。

培土就是将锄松的沟土培于垄侧和垄面，以利于保护根系，并使沟路畅通，便于排灌。凡高垄栽培的还要遵循“深耪沟、浅耪背”的原则，结合中耕进行除草培土。

注意：大白菜进入生长后期，可从行间看到其根系泛于地表，就更不可以进行划锄之类的操作，避免锄断根系，伤口感染病菌，导致病害肆虐。发现杂草之类，及时拔除即可。

（3）肥水管理

①浇水。做到“三水齐苗，五水定棵”，苗期不要缺水，施发棵肥后充分浇水，莲座期结合中耕除草控水蹲苗 10～15 天，可有效预防各种病害。莲座期内浇水掌握见干见湿的原则，包心前期供水要充足，但严禁用污水灌溉，以防止土壤污染。收获前 10 天停止浇水。

②追肥。幼苗期追施提苗肥，定苗后每 667m^2 施尿素 5kg 提苗。莲座期重点追肥，大白菜进入莲座期后，根系大量发生，生长量剧增，吸肥量大，一般每 667m^2 施尿素 10kg，并配施一定量的磷、钾肥，促进外叶增长，为包心打好基础。包心期一般每 667m^2 施 10kg 尿素；包心中期外叶几乎不再生长，每 667m^2 施尿

素5kg；包心后期，温度低，植株生长缓慢，吸收营养少，追肥效果不明显，可以少追或不追肥收获前10天停止施肥。

（4）除草　及时铲趟灭草，一般在白菜出苗后6～7天或间头遍苗后铲头遍地，此时幼苗小、根系浅，浅铲3～4cm，以除小草为主；定苗前后铲第2遍地，以疏松土壤为主，深铲8～10cm；在白菜封垄前铲第3遍地，把培在垄台上的土铲下来，以利莲座叶向外扩展，防止植物直立积水引起软腐病发生。

4. 采收与贮藏

（1）采收

①采收标准。大白菜的采收以叶球紧实为采收标准。一般春播和夏播大白菜由于采收期处于高温季节，因此，采收一定要及时。春播大白菜如果采收过晚，中心柱会伸长甚至抽薹，球内的花蕾容易腐烂且易引发干烧心病。夏播大白菜如果采收过晚，球内容易引发软腐病而导致腐烂。秋播大白菜长时间-5℃低温受冻害，所以-5℃为收获的临界温度。

②采收方法。即采即售型采收。采收的时候将白菜外叶扶起，双手扶住大白菜菜身并向一个方向按下，直到把根全部从土壤中拔出，然后用刀将根砍掉，剥去外叶露出商品性内叶后，包装好就可以装箱上市销售。

采后贮藏型采收。首先适期采收，严霜来临前八成熟时采收为好。选择天气晴朗，田块干燥时进行。保留2～3轮外叶，3cm长根或从球底部砍倒，也可带根贮藏；其次晾晒，将砍倒的菜在田间或近处晾晒2～3天，使外叶失水。晾晒的程度为外部老菜帮对折不断即可；最后整理和预贮。经晾晒的大白菜运到贮藏地，摘除黄叶烂帮后进行分级挑选。

（2）贮藏

①沟藏（沟贮法、窖贮法）。选择地势平坦、土质较实、地下水位较低、排水良好、交通方便的地方，沟向多为东西延长。在露天地上挖沟，把已晾晒并整修好的菜，根部向下直立排列入

沟，排满后在上面加一层草或菜叶，然后多次覆土。最终的覆土厚度是以严寒季节不能冻透为原则。

②堆藏。

适用区域：长江中下游、华北南部适宜。

方法：在露地将大白菜倾斜堆成两行，底部相距1m，向上堆码时逐层缩小间距，最后两行合成一起，高1.2～1.5m。堆藏法需勤倒菜，一般三四天倒一次。它的贮期短，费工，损耗大。

③冷库贮藏。在冷库中采用装筐、码垛或活动架存放。每筐装20～25kg，每平方米可码40筐。入库应分批进行，每天进入量不超过库容总量的1/5。要随时查看各层面、各部位的温度变化，通过机械输送冷空气来控制适宜温度。20天左右倒一次菜，倒菜时应注意变换上下层次。

此种方法可有效地控制贮藏环境条件，但贮藏成本加大。

④气调贮藏。采用CA气调库贮藏效果特别明显，贮藏期可达半年。数值要求是氧气1%～4%，二氧化碳0%～4%。

此种方法可有效控制贮藏环境条件，但贮藏成本加大。

（二）结球甘蓝标准化生产技术

1. 结球甘蓝的主要栽培类型

早熟品种外叶有11～13片，中晚熟品种外叶有17～31片。茎分内外短缩茎。外部缩茎着生莲座叶，内短缩茎着生球叶。在普通栽培情况下，早熟品种茎长16cm以下，中熟品种茎长16～20cm，晚熟品种茎长20cm以上。短缩茎越短，结球越紧实，品质越好，食用价值越大。

（1）早熟类型品种　从播种到采收100～110天，从定植到采收60～70天，早熟类型品种的叶球形态多为尖头型和圆头型。

（2）中熟类型品种　从播种到采收120～150天，从定植到采收80～100天。叶球形态一般为圆环形或扁圆形。

(3) 晚熟类型品种　从播种到采收150～180天，从定植至采收100天以上，晚熟类型品种植株高大，生长势旺，叶肥厚，叶球大，产量中等偏上。

(4) 越冬类甘蓝　可以在河南山东等地露天越冬，头年10月定植，第二年4月份上市。

2. 种植季节和育苗

(1) 春甘蓝　选早熟或中熟品种于初冬育苗，春季种植，夏初收获称之为春甘蓝。春甘蓝冷床育苗，用冬性强的尖头或平头品种一般在9月下旬至10月中旬播种，用圆球型品种应严格控制播期，否则易发生未熟抽薹现象，可于12月下旬至翌年1月上、中旬育苗，淮北地区可比淮河以南早播7～10天；温床或温室育苗，播期可比冷床推迟30～50天。育苗前用70%的菜园土、20%的腐熟厩肥、10%的草木灰和人粪尿混合，配制营养土，做成8～10cm厚的苗床。播前将苗床浇透水，随后撒上薄薄细土，每平方米播5～8g种子，播后随手覆土。春甘蓝栽培最大问题，就是植株易发生先期抽薹。除品种外，苗期管理不当也是一个诱发因素。结球甘蓝通过春化阶段需要两个条件，一是当秧苗达4～6片叶，茎粗超过0.5cm时才能感受春化；二是要有低于10℃以下的较长时间，2～5℃时天数短些，才能通过春化。因此要防止春甘蓝抽薹，育苗期间要控制肥、水用量，抑制叶片旺长。3叶期进行一次分苗，分苗后密闭苗床，保持一定的床温。一般白天25℃左右，夜间12℃左右。缓苗后白天17～20℃，夜间不低于10℃。移栽前一周，降温锻炼，白天维持在15～18℃，夜间不低于8℃，使幼苗在苗床上难以达到春化所需的低温或时间。

(2) 夏甘蓝　选耐热、中熟品种在春季育苗，夏季栽培，初秋收获称为夏甘蓝。夏甘蓝4月中、下旬育苗，苗龄30～35天，播后10～15天必须进行一次分苗，按10cm见方的距离将幼苗移栽到简易苗床或装入直径为10cm的营养钵内，不然定植时若气

温、地温高，易引起死苗。

（3）秋甘蓝　选中熟或中晚熟品种于夏季育苗，夏秋栽培，秋末采收称之为秋甘蓝。秋甘蓝6月中下旬至8月上旬育苗，苗龄40天左右。该期正值炎热多雨季节，应选择地势较高，能排能灌且遮阴的地块作苗床。播种后覆盖薄草帘或遮阳网，有条件的还可搭设荫棚，防止暴雨冲刷。

3. 整地和施基肥

结球甘蓝主根深达30～60cm，根群分布范围80～100cm。根系吸收能力强。春甘蓝冬闲地，应耕翻25～30cm深，夏、秋甘蓝地耕层应达15～20cm。结合耕翻土地，早熟品种每亩施腐熟有机肥3 500kg，磷肥25kg，草木灰50kg；中晚熟品种亩施腐熟有机肥5 000kg，磷肥25～30kg，草木灰50～100kg。定植前10～15天，还要进一步耙赖土地，将大土块打碎、压细；平整畦面，作成高畦。一般畦宽1.3～1.8m，畦高20～25cm。

4. 定植和大田管理

（1）定植　露地栽培，春甘蓝4月中、下旬定植；夏甘蓝5月中、下旬至6月上旬定植；秋甘蓝8月初至8月底定植。亩密度，早熟品种4 000株左右；中熟品种2 300株左右；晚熟品种1 700株左右。为了缩短缓苗期，夏、秋甘蓝移栽时间应放在下午或傍晚，最好是阴天。

（2）定植后管理技术要点　定植后，要及时浇水，其中夏甘蓝应在早、晚浇水，避免高温带来不良影响。轻灌1～2次缓苗水后，就要开始中耕。夏、秋甘蓝还要分次蹲苗，控制时间，早熟品种10～15天；中晚熟品种25～30天，抑制甘蓝内缩茎节间伸长，外叶疯长的作用。莲座末期，当顶生叶开始向里翻卷时，停止蹲苗。为防止春甘蓝未熟抽薹，定植后，中耕增温但不蹲苗，肥水齐攻，使其尽早包心。结球初期，春、秋甘蓝每亩带水浇施人粪尿1 500～2 000kg，尿素15kg或硫酸铵30kg，以后看天气，每隔5～7天浇一遍水；结球盛期，视苗情亩追硫酸铵15kg

或人粪尿 1 000kg。夏甘蓝结球期正值高温，肥水管理上采取“少吃多餐”原则，每隔 4～6 天，亩施 5～8kg 硫酸铵。切不可泼浇粪水和其他有机肥料，以免引发病虫害。

（3）春甘蓝田间管理技术　利用甘蓝耐寒性强、生长适温偏低的特性，在早春定植到大棚或拱棚中加以保护，达到提早上市，缓解春淡作用。目前该项技术已开始在城市郊区推广。生产上须掌握以下技术要点。

①选择冬闲地种植，亩施优质农家肥 5 000kg，深耕、冻晒，熟化土壤。冬前建好棚架，定植前半个月覆膜，烤地。定植前浅耕土壤，耙平后，作成 50～80cm 宽的畦面，畦高 25～30cm。亩浅施复合肥 25kg。

②适时定植是早熟栽培的关键。一般当棚内 10cm 处土温稳定在 6℃以上，覆盖畦内夜温不低于 8℃时，即可选冷尾、暖头的无风晴天进行定植。亩密度 4 000～5 500株，株行距 30×（40～50）cm，定植穴内先浇水后坐苗。

③定植后盖严棚膜，晚上加盖草帘，也可按畦扣地膜，进一步提高土温，促早缓苗。早春气温低而不稳，缓苗期间一般不通风，缓苗后，棚温达 25℃时，适当通风。棚内白天气温 20℃左右为宜，夜间 10℃左右，不能低于 8℃以下。随着气温的增高，10 时左右揭开棚膜，15～16 时覆盖，保持棚里白天温度在 15～20℃，夜间 10℃左右。

④缓苗后选晴暖天气进行中耕、除草，深度 3～4cm。定植 15 天以后，带水亩施硫酸铵 15～20kg；球叶抱合时，亩施硫酸铵 20kg，钾肥 10kg。结球期定时浇水，保持土壤湿润。当露地气温稳定在 15℃以上，可撤去棚膜，控制外叶生长，促进叶球包心。

5. 采收

（1）甘蓝采收时期的确定　甘蓝进入结球期以后，外层叶叠抱，心叶不断增加，叶面积扩大，使叶球抱合紧密而坚实，叶球顶部发亮，用手压之非常坚实，表明叶球已长到最大限度。

根据甘蓝的生长情况和市场需求，在叶球大小定形，紧实度达到八成时，陆续采收上市，采收时要保留 1 ~ 2 轮外叶，以保护叶球免受机械损伤及病菌侵入。

特别要注意的是，在越夏甘蓝栽培时，由于甘蓝叶球包心紧，又处在高温的环境中，极易腐烂，所以采收一定要及时。

（2）采收方法

①采收方法是用刀在叶球基部砍下，把不抱合的外叶剥掉。

②结球甘蓝采收时，应轻摘轻放，尽量防止机械损伤。

③采收分级后装筐，立即运往收购工厂交售加工。

上市前可喷洒 500 倍液的高脂膜，防止叶片失水萎蔫，影响经济价值。同时，应去掉叶球上的黄叶或有病虫斑的叶片，按照球的大小进行分级包装。

五、葱蒜类蔬菜标准化生产技术

（一）大葱标准化生产技术

1. 培育壮苗

（1）品种选择　主要有明星 F1、元藏、长宝、寒春 F1 等日本进口品种；国内品种：珍玉巨葱、铁杆、墨玉巨葱、章丘大葱等。

（2）播期和苗龄　进口早熟品种在保护地栽培，3 月上旬播种，10 月底至翌年 1 月初收获；大田的于 3 月底至 4 月初播种，11 月至翌年 1 月收获；掌握 55 ~ 60 天苗龄。中熟品种在 4 月上旬播种，1—2 月收获，掌握 50 ~ 55 天苗龄。晚熟品种于 4 月中下旬播种，2 月底 3 月初收获，掌握 50 ~ 55 天苗龄。国内品种根据收获时间的不同，3—4 月可用小拱棚育苗，5—6 月或 9—10 月进行露天育苗，10—11 月可用温室大棚育苗。

(3) 苗床准备　苗床要选择前3年内未种过葱蒜类的土质疏松肥沃、地势平坦、排灌方便的沙壤土田地，隔年深翻晒白。营养土配制，要求选用3年内未种过葱的菜园土6份加3份充分腐熟的有机肥，捣细拌匀。播前5～7天整地作畦。根据土壤肥力状况，80平方米的畦中施有机肥20kg，复合肥6～8kg，均匀地撒在畦面上，与土壤充分掺均。

(4) 浸种　使用当年新种，每亩大葱用种200g。播种前进行浸种消毒，经浸种后的种子可提前1～2天出苗。

用40%甲醛300倍液浸种3小时，浸后用清水冲净，可预防紫斑病；用0.2%高锰酸钾溶液浸种25分钟，再用清水冲净，可杀死种子表面的病原菌；用干净的纱布把种子包好，放在50℃的温水中浸泡30分钟。浸泡时要不断摇动，使种子受热均匀。浸泡结束后，随即用清水洗一遍，再放在20～30℃的水中泡2小时，捞出后即可播种。

(5) 播种育苗　播前畦内浇足底水，水充分渗完后，种子掺细干土或细沙均匀撒种，播种后覆土厚度0.5～1cm，之后覆地膜或扣拱棚以增温保墒，保持土壤水分充足。种子萌动到子叶伸直期适宜温度7℃以上，最适温度20℃。出苗达60%以上时及时揭去地膜。第一片真叶至移栽前，掌握适温17～25℃。

做好间苗工作，第一次间去密度较高的苗，第二次定苗，去病苗劣质苗。

当幼苗具2～3片叶时，结合浇水，追施1～2kg尿素或复合肥。苗期返青水不宜过早，应在日平均气温13℃以上时进行，以免地温降低导致葱叶发黄。在越冬前浇越冬水未追肥的，可结合浇返青水追施返青肥，即称“提苗肥”，促进幼苗生长。然后注意蹲苗，促进根系生长。蹲苗15天后，幼苗进入旺盛生长期，生长速度显著加快，应逐渐增加灌水次数，每亩追施尿素3～5kg左右，以满足苗期生长需要。但在定植10～15天前，要注意控制肥水，防止葱苗发嫩，定植后成活率降低。当葱苗有8～9片叶时应停止浇水，锻炼幼苗准备定植。大葱育苗苗床原则上不使用除草剂，但在育苗后期，如杂草过多，可考虑适当使用高效盖草能等除草剂杀灭杂草。每亩育苗用种可供 7 ~ 8 亩大田栽植。

（6）病虫防治　苗期要做到勤观察、早发现、早防治，保证苗全、苗齐、苗壮。苗期病害主要有立枯病、灰霉病，在发病初期可用 50% 多菌灵可湿性粉剂 1 500 ~ 2 000倍液喷施。大葱霜霉病可用百菌清、多菌灵、甲霜铜、杀毒矾、乙膦铝及高效葱菌净等药剂喷洒。病毒病是由刺吸式口器昆虫传播，应注意防治。苗期害虫主要有葱蓟马和潜叶蝇，可用 1. 8% 阿维菌素乳油 2 000倍液加 10% 吡虫啉可湿性粉剂 1 000倍液进行喷雾防治。

2. 定植

（1）选地　选择活土层深厚，便于排灌地块种植大葱，前茬收获后及时翻耕，犁而不耙进行晒垡。尽可能多晒几天，以消灭病菌、杂草。

（2）整地施肥　地要深耕细耙，在中等肥力条件下，结合整地，每 667m^2 撒施优质有机肥 4 000 ~ 5 000kg，尿素 6. 5kg，过磷酸钙 42kg，硫酸钾 10kg。以含硫肥料为好。定植前按行距开沟，沟深 30cm，沟内再集有中施用磷钾肥，刨松沟底，肥土混合均匀。

（3）定植时间　植物株高 40 ~ 50cm，具有 6 ~ 8 片真叶，茎粗 1cm 以上为宜。一般从芒种至小暑定植，各地种植时间稍有差异。

（4）挖沟　可用宽 12cm、长 35cm 铁锨挖沟，也可用锄代替专用的铁锨进行。冬大葱的沟距 60 ~ 63cm 为宜。沟距过窄不便于管理和培土，过宽浪费土地。沟深 20 ~ 25cm。每 667m^2 沟底施入腐熟农家肥 3 000kg，并混合施入三元素复合肥 40kg。用锨或锄将沟底翻虚，使粪肥土混匀便于大葱吸收，有利于根系发展。葱沟的方向南北较好。

（5）起苗分级　起苗前 1 ~ 2 天，浇 1 次水，以利起苗。挖出的苗要分成大、中、小三级，做到大小苗分开定植，才能保证苗齐苗壮，提高产量，否则大葱生产期间以大欺小成活率低，产量低。

（6）合理密植　每667m^{2}栽植12 000～22 000株，过稠过稀都影响丰产。

（7）定植深度　将葱苗靠在葱沟背上，然后覆土，以不埋着心叶即“五叉股”下边为宜，也就是埋着葱白的3/4为宜。实践验证，栽葱时，随起苗，随即定植，随即浇水，有利缓苗，产量高。

3. 田间管理技术

（1）浇水　大葱缓苗期正处于炎热多雨季节，要注意排水，防止烂根，此期一般不浇水，让根系迅速更新，植株返青。8月上中旬，天气转凉，葱白处于生长初期，气温仍偏高，植株生长还较慢，对水分要求不高，应少浇水，避免中午浇水，此期一般浇水2～3次。处暑以后，大葱进入生长盛期，叶片和葱白重量迅速增长，需水量也大大增加，应结合追肥、培土，每4～5天浇1次水，而且水量要大，要浇匀浇透，此期一般浇水8～10次。霜降以后气温下降，大葱基本长成，进入（假茎）葱白充实期，植株生长缓慢，需水量减少，但仍需保持土壤湿润，使假茎灌浆，叶肉肥厚，充实胶液，葱白鲜嫩肥实，此期一般浇水2次。收获前7～10天停水，便于收获贮运。

（2）追肥　适时追肥可满足大葱生长发育的需要，是获得大葱高产优质的重要措施。

①葱白生长初期。炎夏刚过，天气转凉，葱株生长逐渐加快，应追1次攻叶肥，每667m^{2}施1 000～1 500kg腐熟农家肥、100kg草木灰、15～20kg过磷酸钙于沟脊上，中耕混匀，锄于沟内，然后浇1次水，可促进大葱生长，供给叶片增加和生长的需要。

②葱白生长盛期。是大葱产量形成的最快时期，葱株生长迅

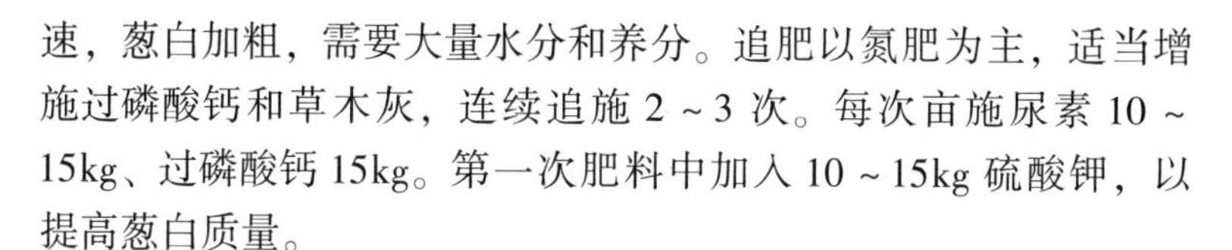

速，葱白加粗，需要大量水分和养分。追肥以氮肥为主，适当增施过磷酸钙和草木灰，连续追施 2 ~ 3 次。每次亩施尿素 10 ~ 15kg、过磷酸钙 15kg。第一次肥料中加入 10 ~ 15kg 硫酸钾，以提高葱白质量。

（3）培土　培土是软化叶鞘、防止倒伏、提高葱白产量和质量的一项重要措施。在加强肥水供应的同时进行培土，可以软化假茎，延长葱白长度，提高葱白质量。一般来说，培土越高，葱白越长、葱白组织也较洁白和充实。因此，当大葱进入旺盛生长期后，随着叶鞘加长，及时进行行间中耕，分次培土，一般培土 4 次，每次培土高度依假茎生长的高度而定，大约 3 ~ 4cm，将土培到叶鞘和叶身的分界处，即只埋叶鞘，勿埋叶身，以免引起叶片腐烂。培土应在土壤水分适宜时进行，一般在下午进行，避免早晨露水大、湿度大时损伤叶片。

4. 采收与贮藏

（1）采收标准　大葱的收获期因栽培形式、气候条件、市场需求和生长程度不同而异，要灵活掌握。例如在大葱产量未达到高峰之前，由于市场紧缺，价格较高，这时可以提前收获，虽然提前收获产量受到一定影响，但效益却大幅度提高。如果作为鲜葱上市，叶片和假茎同时食用，则在管状叶生长达到顶峰时，是大葱的产量高峰，也是收获适期。如果作为冬贮大葱，需在晚霜后土地封冻前收获。经过降温和霜冻，葱叶变黄枯萎，水分减少，叶肉变薄下垂，养分大部分输送到假茎中，使假茎变得充实，此时正是冬贮大葱的收获期。如果因为定植时葱苗小等原因，造成收获时仍不能达到标准的大葱要求，可以放在地里不收，等到翌年早春返青萌发后做羊角葱出售。有条件的可刨收贮藏，根据市场需求严冬时可随时在温室作为发芽葱出售。

（2）采收方法　收获大葱时可用大镐在大葱的一侧刨至须根处，把土劈向外侧，露出大葱基部，然后取出大葱。注意不要猛拉猛拔，以免损伤假茎、拉断茎盘或断根而降低质量及耐贮性。

大葱收获时应避开早晨霜冻，因为霜冻后的大葱叶片挺直脆硬，容易碰断失水，也容易感染病害腐烂而影响产品质量。在这种情况下，可暂缓收获，等白天气温上升，葱叶解冻时再收。

（3）采后处理

①鲜葱上市。须将收获后的大葱去枯叶、黄叶，抖去泥土，然后根据不同销售目的要求的标准再做进一步进行分级等加工处理。作为净菜上市的分级后的大葱应按同一品种、同一规格分别包装，每批产品的包装规格、单位、质量应一致。每件包装的净含量不得超过10kg，误差不超过2%。

包装物大小要求一致、牢固，保持干燥清洁无污染。其中包装用原纸和聚乙烯成型品等必须符合国家无公害蔬菜包装品卫生标准。包装物外必须注明无公害农产品标志、产品名称、产品的标准编号、生产者名称、产地、净含量和包装日期等。

②越冬贮藏。收获后抖净泥土，摊放地面晾晒2～3天，待叶片柔软，须根和葱白表层半干时除去枯叶，分级打捆，出售或堆放阴凉处贮藏。

（4）贮藏

①贮藏条件。大葱属于耐寒性蔬菜，贮藏温度以0～1℃比较适宜。温度过高，呼吸加强，抗逆性下降，加之微生物活动加强，易导致腐烂，同时会导致大葱结束休眠提早抽薹，还会导致大葱所含芳香物质加快挥发而丧失特有的风味品质。贮藏温度过低，大葱受冻，虽然产品还可食用，但消耗较大。

大葱贮藏的空气相对湿度80%～85%比较适宜，通风是大葱贮藏的特殊要求，这是因为空气流通能使大葱外表始终保持干燥，可有效防止贮藏病害的发生。

②贮藏方法。地面贮藏法是在墙北侧或后墙外阴凉干燥背风处的平地上，铺3～4cm厚的沙子，把晾干的大葱根向下叶向上码在沙子上，宽1～1.5m。码好后葱根四周培15cm高的沙子，葱堆上覆盖草帘子或塑料薄膜防雨淋。

沟贮法。在阴凉通风处挖深20~30cm，宽50~70cm的浅沟，沟内浇透水，等水渗下后，把选好晾干的10kg左右的大葱捆码入沟内，用土埋严葱白部分，四周用玉米秸围一圈，以利通风散热。上冻前加盖草帘或玉米秸。

架贮法。在露天或棚室内，用木杆或钢材搭成贮藏架，将采收晾干的10kg左右的葱捆依次码放在架上，中间留出空隙通风透气，以防腐烂。露天架藏要用塑料薄膜覆盖，防止雨雪淋打。贮藏期间定期开捆检查。

窖藏法。在气温降到10℃以下时，将晾干的10kg左右的葱捆入窖贮藏。保持窖内0℃的低温，防热防潮。

冷库贮藏法。将无病虫害、无伤残、晾干的10kg左右的葱捆放入包装箱或筐中，置于冷库中堆码贮藏。库内保持0~-1℃，空气湿度80%~85%。避免温度变化过大。定期检查葱捆，发现葱捆中有发热变质的及时剔除，防止腐烂蔓延。发现葱捆潮湿，通风又不能排除时，需移出库外，打开葱捆重新晾晒再入库。

（二）洋葱标准化生产技术

1. 产地环境条件

产地要远离有工业三废污染的区域，其环境条件应符合GB/T 18407.1—2001的要求。生产场地应清洁卫生、地势平坦、排灌方便、土质疏松肥沃、土层深厚，2~3年未种过葱蒜类蔬菜。

2. 品种类型和优良品种

（1）品种类型　按鳞茎形成特性，可分为普通洋葱、分蘖洋葱和顶生洋葱3种，以普通洋葱栽培最广泛。普通洋葱按葱头外皮颜色，可分为红皮、黄皮和白皮洋葱。

①红皮洋葱。鳞茎外皮紫红色，肉质微红，扁球形或圆球形，直径8~10cm。含水量稍高，辛辣味较强，产量高，耐贮性稍差，表现为中熟至晚熟。优良品种有上海红皮、西安红皮、北京紫皮等。

②黄皮洋葱。鳞茎外皮黄铜色或淡黄色，肉质微黄，扁圆形、圆球形或椭圆形，直径6~8cm。鳞片柔软，组织细密，辣味较浓，品质佳，产量稍低，较耐贮运，表现为早熟至中熟。优良品种有天津荸荠扁、东北黄玉葱、熊岳圆葱、南京黄皮等。

③白皮洋葱。鳞茎外皮白绿至浅绿，扁圆球形，较小，直径5~6cm。肉质柔嫩，品质佳，宜作脱水蔬菜。产量较低，抗病性弱，秋播过早，容易先期抽薹，多表现早熟。优良品种有哈密白皮。

(2) 优良品种　选用优良品种选用抗病、优质、高产、耐贮、适应性强、商品性好、鳞茎圆球形的黄皮洋葱品种，如日本泉州黄金、金球1号等。目前日本市场深受欢迎的品种有金红叶、红叶3号、富永3号、大宝等。

3. 培育壮苗

(1) 确定播种期　秋季播种对播期要求严格，播种过早，幼苗粗大，易先期抽薹。播种过晚，幼苗弱小，越冬能力差，容易死苗、减产。洋葱以具有3~4片真叶、株高20~30cm、茎粗0.6~0.8cm的幼苗越冬为宜。

(2) 整理苗床　播种结合浅耕细耙，每667m^2施腐熟优质厩肥1 000kg左右、复合肥25kg。做成低畦，宽1.2~1.5m、长8~10m。播前浇足底水，撒播，每667m^2用种量4~5kg，可供8~10倍大田栽植。

(3) 苗期管理　播种后保持土壤湿润，防止板结。出苗后适当控制浇水，若基肥充足苗期可不施肥。幼苗生长势弱时，可结合浇水，每667m^2苗床冲施尿素5kg。生长后期要适当控制灌水，以免秧苗过大导致先期抽薹。苗期除草、间苗要及时。露地越冬幼苗冬前可采取夹设风障、浇封冻水、覆盖马粪或圈肥等措施，以利安全越冬。

4. 整地做畦定植

(1) 整地施肥做畦　当前作收后及时翻犁晒垡细碎土壤并施

入充分腐熟的农家肥 3 000～4 000kg、普钙 30～40kg、硫酸钾 15～20kg，如果无农家肥可用三元复合肥 40～50kg，或尿素 40kg、普钙 50～60kg、硫酸钾 40～50kg 作底肥。最后作畦，一般根据地下水位高低做成高畦或平畦，畦宽 1.6～2m，或根据地膜宽度作畦。

（2）喷除草剂及盖膜　畦做好后，可用 30% 的“除草通”或“盖草能”，每 667m² 用 100～150g，对水 50kg 先喷畦面；也可用 72%“都尔”0.1 升加水 60 升，均匀喷畦面，待药干后即可定植。

（3）分级选苗　根据秧苗大小一般分为 3 级，一级苗茎粗在 0.7～0.8cm，高 16～19cm；二级苗茎粗 0.6cm，高在 10～13cm；三级苗茎粗 0.5～0.6cm。并除去矮化苗、徒长苗、黄化苗，分级栽培，有利于成熟整齐一致。

（4）定植密度及方法　根据土壤肥力及植株开展度一般可按行距 15～20cm，株距 15～18cm，每 667m² 有 20 000～30 000苗。定植深度以假茎基部入土 2～3cm 为宜。定植时浇定根水，后盖膜，盖好后破膜出苗。也可以先盖膜再定植，但膜破损大，难于保证栽植质量。

5. 田间管理

（1）查苗补缺　定植成活后检查是否有死苗缺苗现象，如有死苗应从后备苗中补种以保全苗。

（2）浇水中耕　越冬前在中午气温较高时浇冻水，不能浇得过早或过晚，以浇水后地表无积水、土壤随即封冻而不再融化为准。早春返青后 10cm 土层温度稳定在 10 ℃时浇水；叶部生长盛期保持土壤见干见湿，6～9 天浇 1 次水；幼苗转向以鳞茎膨大为主的生长阶段时进行蹲苗，10 天后配合追肥进行浇水，以后每隔 5 天左右浇 1 次水，田间个别植株开始倒伏时停止浇水。

（3）追肥　返青后进行第 1 次追肥，每 667m² 追施磷酸二铵 10～15kg、硫酸钾 8～10kg，或三元复合肥 20kg。

追施提苗肥，每667m^{2}追施尿素10kg，或硫酸铵10～15kg，或三元复合肥15～25kg。

当植株长出8～10片管状叶、鳞茎开始膨大生长时追施关键肥，每667m^{2}追施硫酸铵10～20kg、硫酸钾25～30kg，或三元复合肥20kg，间隔20天左右施1次，共施2～3次，最后1次追肥应距收获期30天以内。

（4）蹲苗　在鳞茎膨大前10天左右进行蹲苗，当洋葱成熟的管状叶变成深绿色、叶肉肥厚、叶面蜡质增多、新叶颜色加深时，结束蹲苗。追施提苗肥，每667m^{2}追施尿素10kg，或硫酸铵10～15kg，或三元复合肥15～25kg。

6. 采收

（1）采收标准　植株下部1～2片叶枯黄，假茎失水松软，自然倒苗。收获应选晴天进行，全株连根拔起，在田间晾晒1～2天，晾晒时用叶盖住葱头，使外叶干燥有利于后熟及贮藏，避免雨天采收。一级品单头重0.2kg以上，横茎6cm以上，二级品单头重0.1～0.2kg，横茎6cm以下，0.1kg以下为三级品。

（2）采收方法

葱叶逐渐变黄、鳞茎外层鳞片变干、假茎松软倒伏达到30%～50%时收获，切忌淋雨。带叶一起收获后就地码放，不使鳞茎直接暴晒，经2～3天叶片已经萎蔫，将叶片编成辫子或扎成捆，并把损伤、虫咬、感病株、裂球和早期抽薹的劣质洋葱剔除，鳞茎朝下、叶辫朝上摆平晾晒，6～7天叶辫由绿变黄，鳞茎外皮已干，堆成小垛，覆盖苇席或塑料薄膜，10天后选晴天摊开再晒，反复晾晒3次以后上垛堆藏。建垛应选地势高，排水好的地方，垛底做1m高的土埂，东西延长，土埂垫木檩和干燥苇席，垛宽1.2～1.5m、高1.5m、长8m；选晴天的傍晚码垛，要轻拿轻放，避免机械损伤，防止漏雨。

（3）贮藏

①用青鲜素（MH）控制发芽，即在洋葱采收前10～14天用

25%的MH 100倍液喷洒植株。

②用R射线处理，一般用2 000～3 000lx的R射线处理葱头，可防止贮藏期发芽。

③冷冻贮藏将采收后的洋葱用编织袋装好按一定的堆码方式放入0～2℃的冷藏库内，可保持鲜嫩不发芽。

(三) 大蒜标准化生产技术

1. 大蒜的分类

我国是大蒜种植面积最大的国家，大蒜品种资源十分丰富。根据蒜瓣大小分为大瓣蒜和小瓣蒜。一般用于生产蒜头和蒜薹的用大瓣蒜，根据鳞茎外皮的色泽可分为白皮蒜、紫皮蒜和红皮蒜；根据生长发育对生态条件的要求和生态适应性，将大蒜分为低温反应敏感型、低温反应中间型和低温反应迟钝型。

2. 大蒜栽培的产品类型

(1) 青蒜　青蒜是大蒜青绿色的幼苗，以其柔嫩的蒜叶和叶鞘供食用。一般用小瓣蒜生产蒜苗。

(2) 蒜薹　蒜薹即大蒜的花薹，包括花茎和总苞两部分。一般用大瓣蒜生产蒜薹。

(3) 蒜头　收获蒜瓣为主要目的。一般用大瓣蒜生产蒜瓣。

(4) 蒜黄　利用大蒜鳞茎在黑暗条件下进行软化栽培。

3. 青蒜栽培

(1) 品种选择　栽培青蒜可食用幼苗，因此应选择蒜瓣小的早熟品种，既可节约用种，又可提早收获。白皮蒜瓣小，数目多，耐寒，早熟、休眠期短，因此在南方地区多选用白皮蒜作青蒜栽培。

(2) 整地施肥　种植青蒜以土层深厚、肥沃、疏松、排水优良的砂质土壤为宜。一般深耕15～20cm，结合深耕亩施厩肥1 000～1 500kg作基肥，翻压并碎土，筑2m宽左右畦，挖好排水沟，畦面要求保持平整、松软。

（3）种蒜处理　在播种前15～20天，采用“潮蒜法”打破休眠。具体做法是将蒜瓣放在清水里淘洗捞出，然后放在地窖里或塑料大棚中，用湿土覆盖。湿土以手握土后松开，土不散为宜。若土壤湿度不够应适量洒水至湿度适宜为止。再将种蒜瓣均匀摊铺在地面上，厚度约8～10cm，每隔3～5天翻1次，使种蒜受潮均匀，发根整齐。经过15～20天，当大部分蒜种发出白根时即可播种。如果劳力紧张，没有时间采用“潮蒜法”催芽，也应将种蒜瓣放入水中浸泡1～2天，使种瓣吸足水分，以利于蒜瓣发芽。

（4）播种时期　长江流域收青蒜的可以提早到8月中旬播种。华南地区收青蒜的9月至翌年1月播种。应根据市场需求分期分批播种，以利分批采收。

（5）播种密度　青蒜（蒜苗）适宜密植，一般行距13～17cm，株距2～3cm，每667m^{2}用种量250～350kg。栽培蒜头过密后会影响鳞茎的肥大，一般行距7～20cm，株距7～10cm，每667m^{2}用种约需150kg左右。青蒜是食用叶片的，故苗高20cm便可陆续分批采收。为延长供应期，可采大留小，隔株采收，留下的植株再施肥保长，每采收1次要追肥1次。

4. 大蒜（蒜薹）栽培技术

（1）土地准备　大蒜对土壤种类要求不严，但以肥沃壤土为最好，疏松透气，保水排水性能好的土地为宜。如果利用稻田进行稻草覆盖免耕栽培，在水稻收获后应及时按2m开厢，理好排水沟。

（2）适时播种　长江流域及其以南地区，一般在9月中、下旬播种。大蒜播种的最适时期是使植株在越冬前长到5～6片。如播种过早，幼苗在越冬前生长过旺而消耗养分，则降低越冬能力，还可能再行春化，引起二次生长，第二年形成复瓣蒜，降低大蒜品质。播种过晚，则苗小，组织柔嫩，根系弱，积累养分较少，抗寒力较低，越冬期间死亡多。所以大蒜必须严格掌握播种期。

(3) 合理密植　密植是增产的基础。蒜薹和蒜头的产量是由每亩株数、单株蒜瓣数和薹重、瓣重三者构成的。应按品种的特点做到适当密植，使每亩有较多的株数。早熟品种一般植株较矮小，叶数少，生长期也较短，密度相应要大，以亩栽5万株左右为好，行距为14～17cm，株距为7～8cm，每667m^{2}用种150～200kg。中晚熟品种生育期长，植株高大，叶数也较多，密度相应小些，才能使群体结构合理，以充分利用光能。密度宜掌握在亩栽4万株上下，行距16～18cm，株距10cm左右，每667m^{2}用种150kg左右。

(4) 播种方法　播种前要做好选种工作，最好从有5～7瓣的蒜头上选肥大形正、长3cm以上、横切面2cm以上的蒜瓣作种，如不能完全达到这要求时，则要将大、中、小三级分开播种。大蒜播种一般适宜深度为3～4cm。大蒜播种方法有两种：一种是插种，即将种瓣插入土中，播后覆土，踏实；二是开沟播种，即用锄头开一浅沟，将种瓣点播土中。开好一条沟后，同时开出的土覆在前一行种瓣上。播后覆土厚度2cm左右，用脚轻度踏实，浇透水。为防止干旱，可在土上覆盖稻草或其他保湿材料。稻田免耕栽培的，覆盖稻草的数量一般采用本田稻草覆盖即可。栽种不宜过深，过深则出苗迟，假茎过长，根系吸水肥多，生长过旺，蒜头形成受到土壤挤压难于膨大；但栽植也不宜过浅，过浅则出苗时易“跳瓣”，幼苗期根际容易缺水，根系发育差，越冬时易受冻死亡。

(5) 肥水管理　大蒜幼苗生长期虽有种瓣营养，但为促进幼苗生长，增大植株的营养面积，仍应适期追肥。由于大蒜根系吸收水肥的能力弱，耐肥，故可以经常追肥，以满足其生长发育的需要。大蒜肥水管理一般要进行3～4次。

①催苗肥。大蒜出齐苗后，施1次清淡人粪尿提苗，忌施碳铵，以防烧伤幼苗。

②盛长肥。播种 60～80 天后，重施 1 次腐熟人畜肥加化肥，每 667m^{2}2 000kg，硫铵 10kg，硫酸钾或氯化钾 5kg。做到早熟品种早追，中晚熟品种迟追，促进幼苗长势旺，茎叶粗壮，到烂母时少黄尖或不黄尖。

③孕薹肥。种蒜烂母后，花芽和鳞芽陆续分化进入花茎伸长期。此期旧根衰老，新根大量发生，同时茎叶和蒜薹也迅速伸长，蒜头也开始缓慢膨大，因而需养分多，应重施速效钾、氮肥（复合肥更好）10～15kg。于现尾前半月左右施入（可剥苗观察到假茎下部的短薹），以满足需要，促使蒜薹抽生快、旺盛生长。

④蒜头膨大肥。早熟和早中熟品种，由于蒜头膨大时气温还不高；蒜头膨大期相应较长，为促进蒜头肥大，须于蒜薹采收前追施速效氮钾肥。如氮钾复合肥亩施 5～10kg，若单施尿素，5kg 左右即可，不能追施过多，否则会引起已形成的蒜瓣幼芽返青，又重新长叶而消耗蒜瓣的养分。追肥应于蒜薹采收前进行，当蒜薹采收后即有丰富的养分促进蒜头膨大。若追肥于蒜薹采收后进行，则易导致贪青减产。若田土较肥，蒜叶肥大色深，则可不施膨大肥。中、晚熟品种由于抽薹晚，温度较高，收薹后一般 20～25 天左右即收蒜，故也可免追膨大肥。

（6）中耕除草　蒜苗幼苗生长期，当杂草刚萌生时即进行中耕，同时也除掉了杂草，对株间难以中耕的杂草也要及早拔除，以免与蒜苗争肥，也可于播种至出苗前喷除草剂。

①防除蒜地的马唐、灰灰莱、蓼、狗尾草。50% 的扑草净每 667m^2 用药 0.1～0.15kg。西马津和阿特拉津，每 667m^2 用药 0.12～0.24kg。除草通每 667m^2 用药 0.35kg。

②防除单子叶禾本科杂草。每 667m^2 用大惠利 0.12～0.15kg，于播种后 5～7 天（出苗前）加水 30～50kg 稀释，晚间喷雾。

③防除双子叶阔叶杂草。每 667m^2 用 25% 恶草灵 120～150 毫升，或 24% 果尔 45～60 毫升，于播种后 7～10 天（出苗前）

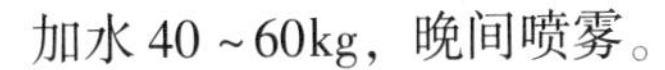

加水 40 ~ 60kg，晚间喷雾。

（7）适时采收

①采收蒜薹。一般蒜薹抽出叶鞘，并开始甩弯时，是收获蒜薹的适宜时期。采收蒜薹早晚对蒜薹产量和品质有很大影响。采薹过早，产量不高，易折断，商品性差；采薹过晚，虽然可提高产量，但消耗过多养分，影响蒜头生长发育；而且蒜薹组织老化，纤维增多；尤其蒜薹基部组织老化，不堪食用。采收蒜薹最好在晴天中午和午后进行，此时植株有些萎蔫，叶鞘与蒜薹容易分离，并且叶片有韧性，不易折断，可减少伤叶。若在雨天或雨后采收蒜薹，植株已充分吸水，蒜薹和叶片韧性差，极易折断。

采薹方法应根据具体情况来定。以采收蒜薹为主要目的，如二水早大蒜叶鞘紧，为获高产，可剖开或用针划开假茎，蒜薹产量高、品质优，但假茎剖开后，植株易枯死，蒜头产量低，且易散瓣。以收获蒜头为主要目的，如苍山大蒜采薹时应尽量保持假茎完好，促进蒜头生长。采薹时一般左手于倒 3 ~ 4 叶处捏伤假茎，右手抽出蒜薹。该方法虽使蒜薹产量稍低，但假茎受损伤轻，植株仍保持直立状态，利于蒜头膨大生长。

②收蒜头。收蒜薹后 15 ~ 20 天（多数是 18 天）即可收蒜头。适期收蒜头的标志是大部分植株叶片干枯，上部叶片褪成灰绿色，叶尖干枯下垂，假茎处于柔软状态，蒜头基本长成。收获过早，蒜头嫩而水分多，组织不充实，不饱满，贮藏后易干瘪；收获过晚，蒜头容易散头，拔蒜时蒜瓣易散落而失去商品价值。收藏蒜头时，硬地应用锨挖，软地可直接用手拔出。起蒜后运到场上，后一排的蒜叶搭在前一排的头上，只晒秧，不晒头，防止蒜头灼伤或变绿。经常翻动 2 ~ 3 天后，茎叶干燥即可贮藏。

六、水生蔬菜标准化生产技术

（一）莲藕标准化生产技术

水田莲藕双季栽培技术，使田藕生产突破了1年1季的传统熟制模式，实现了春—夏双季连作栽培。田藕双季连作栽培，有效延长了莲藕的上市季节，加上传统的单季田藕及池塘藕，可基本实现莲藕周年上市。其中，春藕可提前到5月上旬开始采收上市（大棚栽培），盛产期在6月（露地栽培），填补了该时期无鲜藕供应的市场空当；夏藕可以充分利用经济价值很低的小规格春藕作种，生产成本很低，且8月中、下旬即可开始采收嫩藕，是较好的秋淡蔬菜，实行双季栽培可使田藕生产的经济效益大幅度提高。

1. 春藕早熟栽培技术

（1）茬口安排　夏藕的藕茎膨大在9月底就基本停止，在此前要形成一定的经济产量，至少需要80天左右生育期（累计>13℃有效积温1 160℃左右），据此，春藕必须在7月10日前采收完毕并随即种上夏藕。春藕早熟栽培技术是田藕双季栽培的核心，也是一项综合技术。

（2）改中、晚熟品种为优质早熟品种　在自然条件下，中、晚熟品种虽然产量高，但生育期长，无法满足双季栽培的季节要求。要实行双季栽培，必须选用具有高产、优质、抗病、入泥浅易采挖等特点的早熟品种（如鄂莲1号）。还可选用义乌东河早藕，该品种花量少，结藕早，且主藕比重大，外观商品性好，食味佳，另外植株较矮，立叶平均高度仅83cm，抗风抗病能力较强，易稳产高产。

（3）改重施追肥为施足基肥、适施追肥　早熟栽培的春藕，生育期很短，仅80天左右，因此，施肥应以基肥为主，约占总施肥量的70%左右，追肥占30%。

具体用法：翻耕前每$667m^2$施入腐熟有机肥2 000～2 500kg、施碳酸氢铵30kg、钙镁，磷肥50～75kg、硫酸钾10kg、硫酸锌千克（缺锌地块）。追肥一般分2次，第1次在第1张立叶展叶期，每$667m^2$施尿素10kg；第2次在莲叶封行前，每$667m^2$施45%三元复合肥20kg。莲藕需肥量较大，但过量施用化肥易造成肥害，严重影响生长发育和产量。

（4）改迟栽、深栽为适时早栽、浅栽　单季田藕一般清明节前后才下种，此时藕芽已伸长5～7cm，起种移栽过程中极易碰伤芽头。田藕萌芽期抗寒性较强，适时早栽，改在藕芽萌动初期即下种能促进早发早熟。浙江中部地区露地栽培的下种时间可以提前至3月20日前后（此时气温已基本稳定在10℃以上）；小拱棚栽培可提前至3月上旬；大棚栽培的可提前至2月底。下种一般采用平栽法：先挖1条深5～7cm、比藕种略长的泥沟，然后将种藕平放在沟中，种藕后把节稍翘起，再覆土固定。以该法下种结藕较浅，易于采挖。对于土层较薄的藕田，宜采用斜栽法：种藕头低尾高呈20°左右倾角斜栽入土，其他同平栽法。注意下种时要严防藕头顶芽露出土层，以免造成主鞭生长困难，影响莲藕早发。

（5）改整藕作种为主藕、子藕分开作种　整藕作种由于主藕与子藕整体相连，可能由于子藕顶端优势的作用，使整藕各芽生长不平衡，导致田间生长不整齐，进而影响藕茎的整齐度。主、子藕分开作种可以使植株之间形成竞争均势，提高整齐度和产量。据试验，在种藕顶芽数相同的情况下（每$667m^2$顶芽0.5万个）整藕作种与子藕作种相比，用种量增加，产量反而有所下降。

（6）改稀植为密植　早熟莲藕有早封行、早结藕的生长特性。适当增加用种量、提高种植密度有明显的早熟作用，是提高前期产量的重要措施之一。推荐早熟栽培的春藕用种量一般为每

667m^2 450～500kg，种植密度为1.4m×（0.8～1.0）m。

（7）改露地栽培为保护地栽培　莲藕为喜温作物，实行棚膜覆盖栽培早熟作用十分明显。当地春季暖温早、升温快，为了节省成本，藕农多选用小拱棚栽培。小拱棚的棚宽1.1～1.2m，棚间留25～30cm操作道，棚向以南北向为宜，棚架中央单行叉头摆种，穴距0.8m。小拱棚栽培的栽植期和采收期比露地栽培均可提早15天左右。管理上前期以密封为主；主鞭第1立叶展开后，晴天气温如超过24℃时应打开两头通风；当立叶顶膜时，应及时揭膜，以防烧苗；4月底完全揭膜前，做好日揭夜盖炼苗工作。

（8）加强田间管理　加强水浆管理。田藕是由江、河、湖、塘深水莲藕发展而来，因长期生长在深水淤泥中，使莲藕适应了相对恒温的环境，亟剧的温度变化对其生长不利，因此，掌握好以水调温技术，能起到早发早熟的作用。水层管理以前浅中深后浅为原则，前期一般保持3～5cm，中期逐渐加深到8～10cm，后期一般维持4～6cm。生产上如遇特殊的低（高）温天气，必须灌深水保护。及时灭除萍、水绵等水生植物，萍、水绵等水生植物不但遮光隔热，影响前期水土温度的升高，而且吸肥耗氧，影响莲藕生长，应及时灭除。

2. 夏藕栽培技术要点

（1）及时采挖春藕，边挖边种夏藕　春藕膨大老熟期间正值气温高、温差小的夏季，藕身积累淀粉少，且随着成熟很快纤维化。为了提高品质，同时延长夏藕生长季节，必须及时收获春藕。与传统的分批采收、采大留小的栽培方式不同，春藕采挖时一次性收完，然后全田重新栽种夏藕。采挖前适当放浅田水，每667m^{2}施尿素15kg、硫酸钾10kg，同时边采挖、边整平田面、边栽种夏藕，春藕的茎叶全部压入田土作绿肥。夏藕栽植密度以每667m^2 6 000穴（支）左右为宜。

（2）选用幼藕作种　莲藕有较明显的休眠性，且休眠性随莲藕的成熟度提高而增强。为此要选用幼嫩的春藕作种，不但能克

服种藕的休眠问题，提早出苗，而且可以极大地降低生产成本。

（3）以水护苗　夏藕栽植初期遇35℃以上高温天气，要灌深水进行保护，以防烫芽，促进幼苗早生快发。

（二）茭白标准化生产技术

为了对无公害茭白生产技术按《无公害食品　水生蔬菜》（NY 5238—2005）《无公害食品　茭白生产技术规程》（NY/T 5239—2004）标准规范的要求，现提出生产操作规程如下。

1. 品种选择和种株留选

茭白优良品种主要有梭子茭中介茭和小腊台等，梭子茭在嘉兴一带已种植十多年，表现产量高、品质好（白嫩、壮）适应性广，适宜双季栽种，要积极选用。同时要重视种株留选工作，秋茭采收阶段就要对种株进行严格排选，发现“雄茭、灰茭壳里青高位茭病茭等茭墩应全部去除。选留结茭率高生长整齐苔管适中、结茭多、内质洁白光亮、孕茭整齐一致的无病虫害的茭墩做种。在定植取苗，选茭墩中央的健壮苗为好，一般一苗带一个“管子”，不用茭墩外围的游离株。

2. 茭白的田间选取和基本要求

茭白的田的环境选取原则（NY 5331—2006）《无公害食品、水生蔬菜产地环境条件》远离污染源、土质肥沃、土层深厚、pH值适中、灌溉水、土壤和空气质量符合《无公害茭白规范要求》。

3. 大田栽培

（1）大田准备　要求年内及早翻耕，开春后把耙细整平，茭白田间要施足基肥，有机肥和化肥结合，一般每667m^{2}施腐熟厩肥2 000kg，新平土地适当增加用量，并配施过磷酸钙20kg，茭白专用BB肥25kg。

（2）定植期与种植密度

①新茭田栽培。以清明前后为适期，当苗高达到20～30cm时，即可直接植到大田，株行距为55cm×100cm，每667m^{2}大约

为200墩，栽后保持水层5cm左右，以利醒株活棵。茭秧应众选留好越冬茭墩上切取，每个茭墩分切成套5~7个小茭墩，每个小茭墩要保留新抽生的根蘖苗4~5支，每苗带一“管子”。新苗较大的，每个小茭墩可减至2~3支。

②在茭白采后再定植。在这之前，选于4是月份进行假植，株行距密度30cm×50cm，此时定株因气温较高，苗体较大，应选阴天或下午三点后定植。要推广带土移栽，入土宜浅（约5cm左右），移栽苗要进行割叶，留苗长为40cm左右，并做到边割叶，边起苗，边插种。栽后保持田水5~6cm。

（3）追肥　茭白追肥在施足基肥的基础上，掌握分蘖肥促、孕茭肥重的施肥方法。分蘖肥，栽后勤部10~15天施用，一般每667m^{2}施尿素10~15kg或碳酸氢铵40kg。孕茭肥当茭白茎秆发扁时开始施用，并提倡分二次施下，每667m^{2}每次施碳酸氢铵40~50kg、茭白专用BB肥25kg。

茭白生长时短，追肥要求“一发头”，掌握早而多，第一次在春分时施下，每667m^{2}施碳酸氢铵50kg、三元复合肥厚20~25kg或茭白专用BB肥25kg，第二次在3月底施下，亩施碳酸氢铵40kg、过磷酸钙20kg、硫酸钾10~15kg或茭白专用BB肥25kg，采茭前7天停止施肥，当茭白采收二次后，看苗补施接力肥，每亩施硫酸钾复合肥10~15kg。

（4）水浆管理　主要是根据茭白的生长期，掌握浅水栽插，深水活棵、薄水分蘖、中后期逐步加深、采茭期深浅结合、湿润越冬的原则。

具体是：1~2cm水层移栽、5~6cm活棵，保水4~5天，分蘖水保持2~3cm，35℃高温天气，应加深水位降低水温，进入孕茭期，随着茭白的增大，逐步加深水层，一般掌握茭肉淹没在水下为宜，使茭肉白嫩。

4. 疏苗定苗

当苗高20~30cm时，分次进行疏苗，去弱留壮，定苗时每

个茭墩约留 14～16 个壮苗。

5. 培土

为提高茭白品质和产量适时培土，当植株根蘖苗基本停止抽生，叶片开始转色，茎基部发扁，茭肉开始膨大时应及时增大培土。培土不能搞“一刀切”，宜分次进行，孕茭一批培土一批。

6. 摘壳

摘壳要适时，过早要伤芽，过迟要“盘根”，茭苗栽后半个月左右，基部部分叶片功能开始衰退，并出现枯黄，为改善通风透光，减轻病害，促进新叶正常生长，必须去除老叶、黄叶、病叶，并做到“拉叶不伤苗，行间无倒苗”

7. 病虫害防治

茭白主要病虫害有：大螟、二化螟、长绿飞虱、茭蓟马、胡麻叶斑病、纹枯病等。根据茭白主要病虫害的发生规律，抓住火候、采取综合防治措施。

（1）农业防治　主要措施一是茭白封行后，及时清除黄叶、老叶；二是茭白采收后再次清理田间枯叶、残株和田间杂草；三是 2～3 月茭白灌深水（20cm）保持 5 天以上，以杀死越冬虫源。

（2）物理防治　利用频振式诱虫灯，诱虫大螟、二化螟等害虫。

（3）生物防治　保护青蛙，禁止茭田捕蛙，有条件的茭田提倡放养青蛙，并保护其他天敌。

（4）化学防治　首先是合理选用农药，根据茭白生长季节和有害生物发生实际，对症下药，严格按防治指标防治，尽量减少用药次数和用药量。夏茭病虫害较少，尽量不用药。其次是优先运用生物农药和昆虫生长调节剂，提倡农药的合理混配和交替使用，提高防治效果，以减缓病虫对农药的抗药性。三是掌握虫情，合理用药，禁止使用高毒、高残留农药，提倡使用低毒、高效、低残留农药，具体方法是：茭白病虫害较轻，在加强栽培管理基础上，冬春季茭白由于温度较低，病虫害基本不发生，不需要用化学农药防治。茭白根据实际情况，在7月底至8月初，针对长绿飞虱、螟虫，重点施药一次。药剂选用20%康宽20毫升加10%吡虫啉80g，再加80%代森锰锌125g，以后随着气温的下降，病虫基本不发生。在农药施用时，要做到均匀喷雾，喷细雾，提高防治效果。

【思考与练习】

1. 列举当地主要蔬菜生产品种及茬口安排
2. 详述当地主要蔬菜的标准化生产技术
3. 详述当地主要蔬菜的采收技术

模块七　蔬菜病虫害防治

【学习目标】

1. 了解蔬菜病虫害的田间调查与预测预报
2. 掌握主要蔬菜病害、害虫的识别与防治
3. 掌握蔬菜病虫害优化施药技术
4. 掌握蔬菜病虫害的综合防治技术

一、病虫害的田间调查与预测预报

（一）蔬菜病虫害调查统计方法

蔬菜病虫害调查一般分为普查和专题调查两类。普查只了解病虫害的基本情况，如病虫种类、发生时间、为害程度、防治情况等。专题调查是有针对性的重点调查。

1. 蔬菜病虫害调查的内容

（1）病虫发生和为害情况调查

（2）病虫或天敌发生规律调查

（3）病虫越冬情况调查

（4）防治效果调查

2. 植物病虫害调查的取样方法

取样必须有代表性，这是正确反映田间病虫害发生情况的重要环节。取样的地段称样点，样点的选择和取样数目的多少，由病虫种类、田间分布类型等决定。常用的病虫调查取样方法有：单对角线式、双对角线式或五点式、棋盘式、平行线式和“Z”

字形取样（图7-1）。

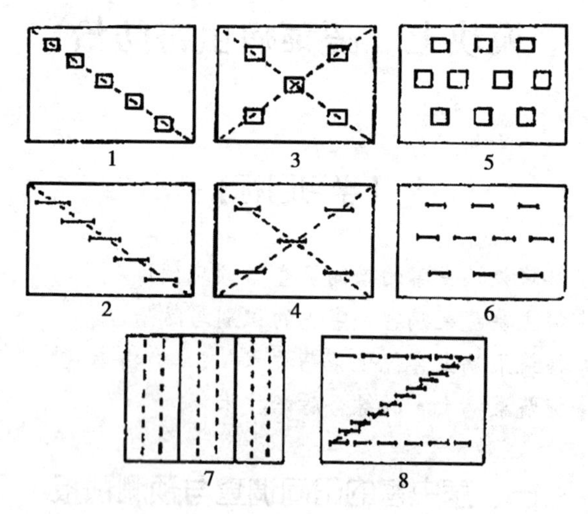

图7-1　1、2. 单对角线式（面积或长度）　3、4. 双对角线式或五点式（面积或长度）　5、6. 棋盘式（面积或长度）　7. 平行线或抽行式　8. “Z”字形

3. 蔬菜病虫害调查记载方法

病虫害调查记载是调查中的一项重要工作，是摸清情况、分析问题和总结经验的依据，因此，记载要准确、简要、具体，一般都采用表格形式。表格的内容、项目可依据调查目的和调查对象设计。

4. 蔬菜病虫害调查资料的整理

对调查记载的资料进行整理，需要对调查数据进行被害率、虫口密度、病情指数和损失情况等方面的计算、比较、分析，找出规律，用以说明病虫害的数量和造成的为害水平，最后写出调查报告。

（二）蔬菜病虫害的预测预报

蔬菜病虫害的预测预报，就是对某种病虫的发生情况进行调查，结合掌握的历史资料、天气预报、蔬菜生长发育情况等，预先估计某种病虫害发生期、发生趋势，这一工作称预测，将预测的结果通过电话、广播、文字材料等多种形式发布出去，称为预报。预测预报是正确指导防控工作的依据。

1. 蔬菜病虫害预测预报类型

(1) 根据预测预报内容分为 发生期预测、发生量预测、分布预测、为害程度预测。

(2) 根据预测期限分为 长期预测、中期预测、短期预测。

2. 病虫害预测的基本方法

害虫发生期预测方法主要有发育进度预测法、物候预测法、有效积温预测法。

害虫发生量预测方法主要有有效虫口基数预测法、有效积温预测法、经验指标预测法。

病害预测方法主要有孢子捕捉预测法、病圃预测法和人工培养预测法。

3. 病虫害为害程度预测

为害程度预测是预测蔬菜作物受病虫为害后带来的损失程度。主要通过病为危险程度分级、病虫危害程度的计算来完成。

4. 病虫害的预测情报

基层植保工作人员对病虫害进行实际观测并加以分析后，应按期向上级部门报告，省（县、市）相关部门在接到预报后，应迅速反应，编写病虫情报，以文件形式，通过广播、黑板报、印刷品和电话、电子邮件等通报出去。

二、主要蔬菜害虫的识别与防治技术

设施蔬菜作物主要害虫有：白粉虱、烟粉虱、红蜘蛛、茶黄螨、蚜虫、蓟马、潜叶蝇、蛞蝓等。

（一）白粉虱、烟粉虱

主要为害黄瓜、菜豆、茄子、番茄、青椒、甘蓝、花椰菜、白菜、萝卜、芹菜等多种蔬菜。

1. 为害特点

成虫和若虫吸食植物汁液，被害叶片褪绿、变黄、萎蔫，甚至全株枯死。此外，能分泌蜜露，潮湿的条件下，易引起煤污病的发生，还可以传播某些植物的病毒病。

2. 防治方法

以农业防治为基础，大量发生时要立即采取严闭棚室熏烟、喷药杀灭等方式进行化学防治。常用的防治药剂有25%噻嗪酮（扑虱灵）、30%泰乐玛（吡虫啉）、20%霹雳火（啶虫脒）等，每隔5～7天喷雾1次，连续喷2～3次。停药后12天采收蔬菜。也可在倒茬时选用20%异丙威烟剂密闭熏烟1夜。

（二）红蜘蛛

主要为害茄科、葫芦科、豆科、百合科等多种蔬菜作物。

1. 为害特点

主要为害植株的叶片，成虫、幼虫、若螨在叶背吸食汁液，使叶面的水分蒸腾增强，叶绿体受损，叶面出现褪绿斑点，逐渐变成灰白色斑和红斑，最终使叶片变红卷缩、干枯、脱落，甚至整株枯死。

2. 防治方法

以农业防治为基础，协调生物防治和化学防治。在策略上应该主攻点片发生阶段，把为害控制在最低限度。常用的防治药剂有25%噻嗪酮可湿性粉剂、0.3%苦参碱水剂、5%尼索朗乳油，每隔5～7天喷雾1次，连续喷2～3次。停药后12天采收蔬菜。也可在倒茬时选用30%虫螨净烟剂或25%棚虫净烟剂密闭熏烟1夜等。

（三）茶黄螨

主要为害黄瓜、茄子、辣椒、番茄、甜瓜、芹菜、木耳菜、萝卜，以及豆类等蔬菜。

1. 为害特点

该螨具有明显的趋嫩性，以成虫、幼螨在植株的幼芽、嫩叶、花、幼果等处刺吸汁液，以嫩叶背面数量最多。受害叶背面呈灰褐或黄褐色，叶缘向背面卷曲，质地加厚；受害嫩茎、嫩叶常扭曲畸形，严重时植株顶部干枯。

2. 防治方法

农业防治为基础，以全棚喷药为主进行防治。常用的化学药剂有1.8%齐螨素（阿维菌素、爱福丁等）乳油、73%克螨特乳油、20%复方浏阳霉素乳油等，每隔5～7天喷雾1次，连续喷2～3次。停药后12天采收蔬菜。

（四）蚜虫

主要为害温室、大棚及露地种植的蔬菜。

1. 为害特点

成蚜和若蚜群集在叶背、嫩茎和嫩尖吸食汁液，使叶片卷缩、干枯以至死亡。此外，还可以大量分泌蜜露，诱发煤烟病，传播多种病毒。

2. 防治方法

农业防治为基础，利用银灰色地膜、避虫网、黄板等物理机械防治方法及生物防治。喷洒无公害农药等化学防治，常用的农药有10%除尽（虫螨腈）、3%啶虫脒、25%噻嗪酮可湿性粉剂等，每隔3～5天喷雾1次，连续喷2～3次。停药后12天采收蔬菜。

（五）蓟马

主要为害茄子、黄瓜、芸豆、辣椒等蔬菜。

1. 为害特点

以成虫和若虫锉吸植株幼嫩组织（枝梢、叶片、花、果实等）汁液，被害的嫩叶、嫩梢变硬卷曲枯萎，植株生长缓慢，节间缩短；幼嫩果实（如茄子、黄瓜等）被害后会硬化，严重时造成落果，严重影响产量和品质。

2. 防治方法

农业防治为基础，可以蓝板诱杀。喷洒无公害农药等化学防治为主，药剂防治可选用下列药剂，如10%吡虫啉可湿性粉剂、10%除尽乳油、48%毒死蜱乳油等，每隔3～5天喷雾1次，连续喷2～3次。停药后12天采收蔬菜。

（六）潜叶蝇

主要为害十字花科、豆科、伞形科等科蔬菜。

1. 为害特点

以幼虫为害植物叶片，幼虫往往钻入叶片组织中，潜食叶肉组织，造成叶片呈现不规则白色条斑，使叶片逐渐枯黄，为害严重时被害植株叶黄脱落，甚至死苗。

2. 防治方法

以农业防治为基础，可采取释放潜叶蝇姬小蜂等天敌进行生物防治。药剂防治可选用下列药剂之一，如20%斑杀净（阿维·杀单）微乳剂、10%除尽悬浮剂、10%高效氯氰菊酯乳油等。每隔7～10天喷雾1次，连续喷2～3次。停药后12天采收蔬菜。但生产A级绿色蔬菜，每个栽培茬次每种农药只能用1次。

（七）豆荚螟

1. 为害特点

以幼虫在豆荚内蛀食豆粒，被害籽粒重则蛀空，仅剩种子柄；轻则蛀成缺刻，几乎不能作种子；被害籽粒还充满虫粪，变褐以致霉烂。也可为害叶柄、花蕾和嫩茎。

2. 防治方法

采用防虫网、人工摘除、灯光诱杀、施用白僵菌等生物制剂及化学药剂等方式防治。常用的防治药剂有25%灭幼脲3号悬浮剂、25%氟甲（氟氯氰菊酯·甲维盐）乳油、30%氯胺磷乳油等。7~8天喷雾1次，连续喷2~3次。停药后12天采收蔬菜。

（八）蛞蝓

主要为害白菜、菜豆、百合、黄瓜等蔬菜。

1. 为害特点

取食蔬菜叶片成孔洞，尤以幼苗、嫩叶受害剧烈。

2. 防治方法

以农业防治为主，辅以化学防治。在药剂防治上，可用6%密达（四聚乙醛）颗粒傍晚撒施。

三、主要蔬菜病害的识别与防治技术

蔬菜病害按其来源可以分为：真菌性病害、细菌性病害、线虫病害、病毒性病害、生理性病害。

（一）蔬菜真菌性病害

1. 蔬菜真菌性病害主要类型

猝倒病、立枯病、霜霉病、灰霉病、蔓枯病、斑点病、褐斑病、白粉病、早疫病、晚疫病、叶霉病、黄萎病、炭疽病、褐纹病、菌核病、根腐病等病害。

2. 真菌性病害主要特征识别

（1）一定有病斑存在于植株的某个部位　出现白粉、霉污、锈粉、霜霉、白绢、斑点、炭疽、畸形、溃疡、腐朽、腐烂、猝倒、立枯等症状；形状有圆形、椭圆形、多角形、轮纹形或不定形。

(2) 病斑上一定有不同颜色的霉状物或粉状物 颜色有白、黑、红、灰、褐等。

3. 防治方法

选用抗耐病品种、培育壮苗，改良栽培技术，药剂防治等方法进行无公害防治。常用的防治药剂有波尔多液、嘧菌酯（阿米西达）、吡唑醚菌酯、代森锰锌等。

（二）蔬菜细菌性病害

1. 蔬菜细菌性病害主要类型

角斑病、缘枯病、叶枯病、叶斑病、疮痂病、溃疡病、青枯病、软腐病、黑腐病、疫病等病害。

2. 细菌性病害主要特征识别

组织坏死、腐烂和枯萎，少数能引起肿瘤。初期受害组织表面常为水渍或油渍状、半透明，潮湿条件下有的病部有黄褐色或乳白色胶粘、似水珠状的菌脓；腐烂型往往有臭味。

3. 防治方法

通过选用耐病品种、选留无病种子、无病土育苗、轮作、改良栽培技术、生态防治、药剂防治等方法进行无公害防治。常用的防治药剂有铜类杀菌剂（氢氧化铜、噻菌铜）、农用抗生素类（中生菌素、井冈霉素）、噻枯唑等。

（三）线虫病害

1. 设施栽培蔬菜线虫病害主要类型

设施栽培蔬菜线虫病主要包括根结线虫病、茎线虫病。

2. 线虫性病害主要特征识别

可为害地上茎、叶和地下根、鳞茎和块根。感病植株生长发育不良，植株矮小，结果少且小；能引起组织坏死，可在根上形成肿瘤或可形成紊乱根系或受害部位肿大，形成瘤状根结。

3. 防治方法

选用抗病品种，用无线虫或充分腐熟的有机肥料作基肥；通过轮作、深翻、冬季撤去棚膜低温处理耕作层土壤等方式灭杀或减轻线虫为害，药剂防治应结合整地，在翻耕及定植时撒施10%多神气T颗粒剂（噻唑膦·印楝脂）、10%福气多（噻唑膦），在作物生长期间防治根结线虫病时应及早浇灌3%线令乳油（噻唑膦·阿维菌素·印楝脂）、1.8%阿维菌素乳油；在应急防治茎线虫时可喷洒3%线令乳油、30%泰乐玛（吡虫啉）乳油。

（四）病毒性病害

1. 蔬菜病毒性病害主要类型

番茄、茄子、辣椒（甜椒）病毒病。

2. 病毒性病害主要识别特征

①花叶表现为叶片皱缩，有黄绿相间的花斑。黄色的花叶特别鲜艳，绿色的花叶为深绿色。黄色部位都往下凹，绿色部位往上凸。

②厥叶表现为叶片细长，叶脉上冲，重者呈线状。

③卷叶表现为叶片扭曲，向内弯卷。

3. 防治方法

（1）选用抗病品种　加强蚜虫、白粉虱、烟粉虱、叶螨、蓟马等传毒媒介的防治。

（2）发现病株及时定期喷洒有效配方药剂　如番茄黄曲叶病毒病可采取3个配方：

①33%金毒克TM（盐酸吗啉胍·三氮唑核苷）、2%抗毒鹰TM（胺鲜酯·抗病毒因子）、20%过氧乙酸、15%糖醇锌液。

②13%毒霸（酰胺基酚·氨基寡糖素）、绿泰宝（0.05%核苷酸等）、2%胺鲜酯、15%糖醇锌液。

③20%病毒克TM（氨基寡糖素·三氮唑核苷·盐酸吗啉胍）、碧绿（芸薹素·赤霉素·吲哚乙酸）、绿泰宝、2%胺鲜酯。

以上配方混匀喷洒全株，5～6天防治1次，直到病情消失。其它防治病毒病的药剂还有宁南霉素、抗毒剂1号、病毒必克等。

（五）生理性病害

1. 蔬菜生理性病害主要类型

化瓜、畸形花果（瓜）、脐腐病、筋腐病、生理性卷叶、药害。

2. 生理性病害主要识别特征

叶片变色、植株枯死、落花落果、畸形等。一般在田间成片分布，发病区与地形、土质或其他特殊环境条件有关。肉眼观察找不到病原菌，不相互传染。

3. 防治方法

选用抗病品种，控制水肥的施用量和施用时期，搞好设施内光照、温度、水分、空气的调控，创造适宜蔬菜生长的环境；改良栽培技术，科学制定各类化学药剂的喷洒时期、用量、浓度、方式。

四、优化施药技术

农药是农业药剂的简称。用于防治为害农林植物及其产品的害虫、螨类、病菌、线虫、杂草、鼠类、软体动物等的药剂，也包括植物生长调节剂、辅助剂、增效剂等。

（一）农药类别

农药的种类很多，生产上一般可按防治对象、来源及化学性质、作用方式等进行分类。

1. 按防治对象分类

农药可分为杀虫剂、杀螨剂、杀菌剂、杀鼠剂、杀线虫剂、除草剂、植物生长调节剂等。

2. 按来源及化学性质分类

（1）矿物源农药　指主要由天然矿物原料加工制成的农药，

如石硫合剂、波尔多液、硫酸铜等。

(2) 有机合成农药　通过有机合成方法生产的农药。如氯氰菊酯、辛硫磷、多菌灵、甲霜灵等

(3) 生物源农药　利用生物资源生产的农药，包括动物源农药（性诱剂、蜕皮激素等）、植物源农药（烟碱、除虫菊素、苦参碱等）和微生物源农药（白僵菌、苏云菌杆菌等）

3. 按作用方式分类

(1) 杀虫剂分类　可分为胃毒剂、触杀制、内吸剂、熏蒸剂和特异性杀虫剂。其中：特异性杀虫剂又可分为昆虫生长调节剂、引诱剂、趋避剂、不育剂和拒食剂。

(2) 杀菌剂分类　可分为保护剂、治疗剂、免疫剂。

（二）农药剂型

1. 乳油

乳油是由农药原药、溶剂和乳化剂组成，多为半透明或不透明的乳状液体。主要供喷雾使用，也可用作拌种、泼浇等。

2. 粉剂

粉剂是由原药、填料（如黏土、高岭土、滑石、硅藻土等）和助剂混合后，粉碎成一定细度而制成的，是专供喷粉用的剂型。主要用于喷粉，制成毒饵、毒土使用，不能加水喷雾。

3. 可湿性粉

可湿性粉剂是由农药原药、填料和湿润剂混合加工而成。主要供做喷雾用，也可供做灌根、泼浇使用，但不宜直接做喷粉用。

4. 烟剂

烟剂是由农药原药、助燃剂、氧化剂（如硝酸钾）、燃料（如木屑粉）、消燃剂（如陶土）等制成的粉状物。它是通过燃烧产生烟雾对受害植株进行作用的，适合在保护地施用，可有效防治病虫害。

5. 颗粒剂

有原药或某种剂型加载体后制成的颗粒状制，常用的载体有：陶土、硅藻土、炉渣、沸石、锯末等。该制剂的特点是药效期长，使用方便，可以撒于植物心叶内、播种沟内。

此外，还有种衣剂、拌种剂、浸种剂、片剂、缓释剂、可溶性粉剂、微乳剂、水剂、悬浮剂、水分散粒剂、熏蒸剂等。

（三）农药使用方法

农药使用的方法有喷雾法、喷粉法、种子处理法、土壤处理法、毒谷（饵）法、烟雾法、灌根法、涂抹法等。

1. 喷雾法

适用喷雾的剂型有可湿性粉剂、乳油、水剂等，按一定配比配制成药液再用喷雾器均匀喷洒成雾滴，这种方法适应面广，见效快，但在温室、大棚等保护地封闭空间里使用喷雾法明显增加湿度，并且安全性较差，应使用低容量或超低容量，效果更好。

2. 喷粉法

利用喷粉器的风力将药粉吹到作物或从空中降落到作物表面，用于喷粉的剂型是粉剂。该法不用水，效率高，尤其适用于大棚、温室等保护地蔬菜。

3. 种子处理法

（1）拌种　播种前将药粉或药液与种子均匀混合。

（2）浸种　播种前将种子、种苗、种薯在一定浓度药液中浸泡一定时间。

（3）闷种　将一定浓度的药液与种子拌匀后堆放一定时间再播种。

4. 毒饵法

将药剂拌入害虫吸食的饵料中称为毒饵。主要用来防治地下害虫或鼠类。

5. 烟雾法

使用烟雾剂或专用的烟雾机具将农药分散成烟雾状态，达到杀虫灭菌的目的。烟雾法非常适用于保护地日光温室等。

（四）安全合理使用农药

合理用药的就是要贯彻“经济、安全、有效”的原则，利用无公害蔬菜生产理念优化施药技术应注意以下几个问题。

1. 正确选择药剂和剂型

施药前应根据防控的病虫害种类、发生程度、发生规律、蔬菜种类、生育期等选择合适的药剂和剂型，要注意掌握《国家禁止使用和限制使用的农药名录》，同时为满足无公害蔬菜生产要求，设施蔬菜病虫害防治要尽量选择生物农药、新型无公害农药、昆虫生长调节剂、新型抗生素类药剂、高效强选择性药剂；在剂型选择上，要尽量选用粉尘剂、烟雾剂，减少棚内湿度。

2. 适时用药

把握病虫害的发生发展规律，抓住有利时机用药，既可节约用药，又能提高防治效果，而且不易发生药害。如一般药剂防治害虫时，应在初龄幼虫期，若防治过迟，不仅害虫已造成损失，而且虫龄越大，抗药性越强，防治效果也越差，且此时天敌数量较多，药剂也易杀伤天敌；在防治病害时，要在寄主发病前或者发病初期用药，如果使用保护性杀菌剂必须在病原物接触、侵入寄主前使用。

3. 注意使用方法

采用正确使用农药方法，能充分发挥农药的防控效果，还能减少对有益生物的杀伤、药害和农药残留。农药的剂型不一样，使用的方法也不一样。粉剂不可用于喷雾，可湿性粉剂不能用于喷粉，内吸剂一般不宜制毒饵。施药要保证质量，喷雾作到细致均匀；使用烟剂必须保持棚室密闭；施用粉剂一定要避开阳光较强的中午。

4. 正确掌握用药量

严格执行农药合理使用准则。国家规定了在每种作物上每亩每次常用量、最高用药量、最多使用次数和最后一次施药距收获期的天数（简称安全间隔期）。在病虫害防治中应严格执行这些规定，不得任意提高药量（或浓度）、增加施药次数及缩短安全间隔期。如在蔬菜收获前的时间，杀虫剂一般在收获前 5 ~ 7 天禁止用药，杀菌剂除百菌清、代森锰锌、多菌灵（施药 14 天以上才能采收）外一般在收获前 7 ~ 10 天禁止用药，杀螨剂一般在收获前 7 ~ 14 天禁止用药。使用农药应推广低容量的喷雾法，并注意均匀喷施。

5. 轮换用药

长期使用同一种农药防控一种害虫或病害，易使害虫或病原菌产生抗药性，降低防治效果，防控难度将越来越大。因此，要注意交替轮换使用不同作用机制的农药，防止病虫害产生抗药性，利于保持药剂的防控效果。蔬菜生长前期以高效低毒的化学药剂和生物药剂混用或交替使用为主，生长后期以生物农药为主。

6. 科学复配和混用农药

将两种或两种以上的对病虫害具有不同作用机制的农药混合使用，可以达到一次施药防控多种病虫害为害目的。但要注意农药之间能否混用主要取决于农药本身的化学性质，农药混合后它们之间应不产生化学和物理变化，如碱性农药与其他农药不能混用，杀菌剂不能与微生物杀虫剂相互混用。

7. 安全用药

安全用药包括防止人畜中毒、环境污染及植物药害。生产上应准确掌握用药量、讲究施药方法，同时注意天气变化并严格遵守农药使用规定。在施药时应穿长袖衣服，佩戴手套、帽子、风镜等防护用具；施药期间不要进食、喝水或吸烟。施药人员若有头痛、恶心、呕吐等感觉时，应立刻离开现场进行治疗。

1975 年，我国提出了“预防为主，综合防治”的植保方针。1986 年，第二次全国农作物病虫害综合防治学术讨论会上，对“病虫害综合防治”概念的阐述为综合防治是对有害生物进行科学管理的体系，其基本点是从农业生态系统总体观点出发，根据有害生物和环境之间的相互关系，充分发挥自然控制因素的作用，因地制宜地协调运用必要的措施，将有害生物控制在经济损失允许水平之下，以获得最佳的经济、生态和社会效益。

（一）综合防治遵循的原则

1. 经济的原则，讲究实际收入
2. 协调的原则，讲究相辅相成
3. 安全的原则，讲究生态效益
4. 全局的原则，取得最佳防治效果

（二）常用的蔬菜病虫害综合防治方法

1. 农业技术防治

根据栽培管理的需要，结合农事操作，有目的地创造有利于作物生长发育而不利于病虫害发生的农田生态环境，以达到抑制和消灭病虫的目的，称农业防治法。其优点是不伤害天敌，能控制多种病虫，作用时间长，经济、安全、有效。农业防治是综合防治的基础，其主要措施有选育、推广抗病虫品种、改进耕作制度、运用合理的栽培技术等。

2. 物理机械防治

利用各种物理因素和机械设备防治病虫害，称物理防治法。此法简单易行，经济安全。物理防治的主要措施如下。

（1）温度处理　利用高温或者低温来控制和杀死有害生物，

如温汤浸种。

（2）捕杀法　根据害虫生活习性，利用人工或者简单机械捕捉或直接消灭害虫的方法，如人工扒土捕杀地老虎幼虫。

（3）诱杀法

①色板诱杀。利用害虫的趋色诱杀害虫，如黄板诱杀蚜虫、白粉虱、美洲潜斑蝇、黄条跳甲；蓝板诱杀棕榈蓟马；橙色板诱杀菜蚜。

②黑光灯诱蛾。在夜蛾成虫盛发期开灯诱杀成虫，每1 300 m^2 左右菜地堆一个高1m左右的土堆，在土堆上放置水盆，水盆内盛半盆水并加入少许煤油，在水盆上方离水面20cm处挂一盏20W的黑光灯，每晚9:00至次日凌晨4:00开灯，可诱杀小菜蛾、斜纹夜蛾、甘蓝夜蛾、银纹夜蛾、甜菜夜蛾、小地老虎、烟青虫、豆荚螟、蝼蛄、金龟子、棉铃虫等成虫，天气闷热、无月光、无风的夜晚诱杀效果更好。

③糖醋毒液诱蛾。用糖3份、醋4份、酒1份和水2份，配成糖醋液，并在糖醋液内按5%加入90%晶体敌百虫，然后把盛有毒液的钵放在菜地里高1m的土堆上，每667m^2 放糖醋液钵3只，白天盖好，晚上打开，诱杀斜纹夜蛾、甘蓝讹诈蛾、银纹夜蛾、小地老虎等害虫成虫。

④杨柳树枝诱蛾。将长约60cm半枯萎的杨树枝、柳树枝、榆树枝按每10枝捆成一束，基部一端绑一根小木棍，每667m^2插5~10把枝条，并蘸95%的晶体敌百虫300倍液，可诱杀烟青虫、棉铃虫、粘虫、斜纹夜蛾、银纹夜蛾等害虫成虫。

⑤性诱杀。用50~60目防虫网制成一个长10cm，直径3cm的圆形笼子，每个笼子里放两头未交配的雌蛾（可以先在田间采集雌蛹放在笼里，羽化后待用），把笼子吊在水盆上，水盆内盛水并加入少许煤油，黄昏后放于田中，一个晚上可诱杀数百上千只雄蛾。

⑥毒饵诱杀地老虎。在幼虫发生期间，采集新鲜嫩草，把

90%晶体敌百虫50g溶解在1kg温水中，然后均匀喷洒到嫩草上，于傍晚放置在被害株旁和撒于作物行间，进行毒饵诱杀。

（4）阻隔法　人工设置各种障碍如防虫网、果实套袋等，切断各种病虫侵染途径的方法。

（5）淘汰选法　利用风选、筛选和泥水、盐水浮选等方法，淘汰除有病虫种子、菌核、虫瘿等。

（6）利用微波辐射等新技术应用杀死多种害虫

3. 生物措施防治

利用有益生物或有益生物的代谢产物来防治病虫害，称生物防治法。生物防治法的优点是对人畜安全，不污染环境，控制病虫作用持久，一般情况下，病虫不会产生抗性。因此，生物防治是病虫防治的发展方向。生物防治的主要措施如下。

（1）以虫治虫　利用捕食性天敌、寄生性天敌杀灭害虫，如在保护地内释放草蛉消灭蚜虫。

（2）以菌治虫　利用微生物或其代谢产物控制害虫总量，如用白僵菌和绿僵菌防治菜青虫。

（3）以菌治病　利用微生物及其代谢产物防控植物病害，如利用木霉菌的寄生性以防控立枯丝核菌、腐霉菌和核盘菌引起的病害。

4. 化学药剂防治

无公害蔬菜生产的病虫害防治的指导原则是“预防为主，综合防治”，在防治过程中应该坚持以健康栽培为基础，优先采用农业、物理机械和生物防治措施，当以上方法无法控制病虫害发展或病虫害突然大规模发生时，就应该考虑使用化学农药防治，因此，化学防治在综合防治中占有非常重要的位置，在保证蔬菜增产增收上一直起着重要作用。

（1）化学防治病虫害的优点　防治效果显著，收效快，既可在病虫发生之前作为预防性措施，又可在病虫发生之后作为急救措施，迅速消除病虫为害，收到立竿见影的效果；使用方便，受地区和季节性限制小；可大面积使用，便于机械化；防治对象广，几乎所有作物病虫均可用化学农药防治；可工业化生产、远距离运输和长期保存。

(2) 化学药剂防治缺点　化学防治法有其局限性，由于长期、连续、大量使用化学农药，相继出现了一些新问题：

病、虫、草产生抗药性；化学防治成本上升；破坏生态平衡；污染环境。

因此，应充分认识化学防治的优缺点，趋利避害，扬长避短，使化学防治与其他防治方法相互协调，配合使用。

(3) 化学防治注意事项　化学药剂防治蔬菜病虫害是在农业、物理机械和生物防治措施行之无效的情况下使用的，是最后手段，一定要做到科学使用化学农药。

①在确保蔬菜产品质量达到无公害的标准下，在病虫害流行且数量大时，应选用低毒、低残留、高效杀谱广的农药。严禁在生产中使用国家已公布禁用的高毒、高残留、致癌、致畸农药及其混配剂（包括拌种及杀灭地下害虫等）。

国家明令禁止使用的农药（18 种）：六六六、滴滴涕、毒杀芬、二溴氯丙烷、杀虫脒、二溴乙烷、除草醚、艾氏剂、狄氏剂、汞制剂、砷类、铅类、敌枯双、氟乙酰胺、甘氟、毒鼠强、氟乙酸钠、毒鼠硅。

在蔬菜、果树、茶叶、中草药材上不得使用的农药（19 种）：甲胺磷、甲基对硫磷、对硫磷、久效磷、磷胺、甲拌磷、甲基异柳磷、特丁硫磷、甲基硫环磷、治螟磷、内吸磷、克百威、涕灭威、灭线磷、环磷、蝇毒磷、地虫硫磷、氯唑磷、苯线磷。

②适时用药。对病害要求在发病初期进行防治，控制其发病中心，防止其蔓延发展，一旦病害大量发生和蔓延就很难防治。如菜苗猝倒病，苗床一旦发现病苗，应立即进行药剂防治，若发病条件适宜，在发现零星病苗后 5 ~ 7 天会大面积严重发生，往

往造成死苗90%以上，常用72%霜脲氰·锰锌可湿性粉剂800～1 000倍液喷洒，6～7天1次，视病情防治1或2次。对虫害则要求做到“治早、治小、治了”，虫害达到高龄期防治效果就差。如白粉虱、烟粉虱，只要发现这两种害虫，都要立即喷药防治，用25%噻嗪酮（扑虱灵）2 000倍液防治。

③正确用药，做到对症下药。一是合理混用农药，可扩大防治对象，降低成本，但不能盲目混用；二是正确掌握用药量，生产中严格按照农药安全使用说明书，不得随意增减，配药时要使用计量器具；三是交替使用多种农药，避免长时间使用一种农药，以免产生抗性。

④掌握正确的用药方法。掌握正确的施药方法，对病虫害防治及农药残留程度，往往起到至关重要的作用。常用施药方法有以下几种。

一是种子处理。使用化学药剂拌种、浸种和闷种，来杀死种子上病菌及害虫。如用50%多菌灵可湿性粉剂浸种1小时，可防治多种真菌性病害；用25%甲霜灵可湿性粉剂浸种0.5～1小时，可防治疫病、霜霉病；硫酸链霉素500倍液浸种2小时，可防治细菌性病害。

二是土壤处理。土壤处理，是预防土传性病害、地下害虫的重要措施之一。如1m^2苗床的土壤加5～10g雷多米尔充分混匀，或选用“土菌消”（恶霉灵、甲霜灵、噻氟菌胺）2 000倍液，喷洒基质表面，可防治菜苗猝倒病、菜苗立枯病。每公顷用5%丁硫克百威颗粒剂15～60kg作土壤处理，即可防治多种地下害虫及叶面害虫。用8%灭蛭灵颗粒剂或10%四聚乙醛颗粒剂，每667m^2用1kg，与10～15kg细干土混合，均匀撒施毒杀蜗牛。

三是茎叶喷雾。在病虫害流行且数量大时，在茎叶上进行喷雾是防治蔬菜病虫害主要方法，此时一定要选用低毒、低残留、高效杀谱广的农药。如喷施代森锰锌用来防治炭疽病、褐斑病、霜霉病、疫病等，常见剂型有25%悬浮剂、70%可湿性粉剂、

70% 胶干粉；喷施炭特灵（溴菌腈、休菌腈）防治多种蔬菜炭疽病，还能防治白菜黑斑病、软腐病、根肿病、西瓜枯萎病或根腐病、芹菜斑枯病，常见剂型为25%可湿性粉剂、25%乳油。喷施0.2%甲维盐乳油1 000～2 000倍液可以防治鳞翅目、双翅目、蓟马和螨类等害虫，喷施10%醚菊酯（多来宝）防治鳞翅目、同翅目、鞘翅目、直翅目、半翅目、等翅目害虫。

四是喷粉防治。采用粉尘剂喷粉的方法防治保护地蔬菜病虫害。如在保护地中用5%百菌清粉尘剂喷粉防治芹菜早疫病，用5%霜霉清粉尘剂喷粉防治莴苣霜霉病；用2.5%敌百虫粉剂每亩2.0～2.5kg喷粉防治小地老虎3龄以前幼虫。

五是烟雾法防治。使用烟雾剂或烟雾机防治蔬菜病虫害的方法。用45%百菌清烟剂或30%百菌清发烟弹熏烟，防治芹菜早疫病；用15%的速克灵烟剂防治番茄早疫病。前茬作物倒茬后，用20异丙威烟剂，每667m^{2}用300～400g，闭棚熏烟1夜，或用虫螨净或敌敌畏烟剂傍晚盖棚后熏杀防治白粉虱和烟粉虱。

六是撒施毒饵。将药剂拌入害虫喜食的饵料中来防治地下害虫、蛞蝓和鼠害。如用四聚乙醛配制成含2.5%～6%有效成分的豆饼（磨碎）或玉米粉等毒饵，在傍晚时，均匀撒施在菜田垄上诱杀蜗牛；每亩用2.5%敌百虫粉剂0.5kg或用90%晶体敌百虫1 000倍液均匀拌在切碎的鲜草上或者用90%晶体敌百虫对水2.5～5kg，均匀拌在50kg炒香的麦麸上，制成的毒饵于傍晚在菜田内每隔一定距离撒成小堆，用以毒杀3龄以上小地老虎。

⑤根据天气情况，科学用药。农药一般使用都受天气影响，比如阴天、大风、下雨等都会影响农药的施用效果。因此，应注意多收听、收看天气预报，观察掌握天气变化情况，选择无风、雨等晴好天气，一般在10:00以前，16:00以后用药。

⑥要严格按照期限执行农药安全间隔。菊酯类农药的安全间隔期5～7天，有机磷农药7～14天，杀菌剂中百菌清、代森锌、多菌灵14天以上，其余一般为7～10天。农药混配剂执行其中残

留性最大的有效成分的安全间隔。

附录：推荐对口农药

1. 防治茄、瓜类立枯病

用种子干重量0.2%的40%拌种双拌种或1m^{2}苗床撒五氯硝基苯4g，加50%福美双可湿性粉剂4g，再加4kg细土拌成药上，1/3铺底，2/3播种后盖种。

2. 防治茄、瓜类猝倒病

45%代森铵水剂400~600倍液于播前1~2天浇施苗床（苗期慎用），64%杀毒矾500倍液，72%杜邦克露乳油600倍液喷雾。

3. 防治茄、瓜类灰霉病

结合激素点花，配制激素溶液按0.1%浓度加入50%速克灵或扑海因可湿性粉剂进行防治，同时进行人工摘除残余花瓣；预防可用75%达科宁600~800倍液27.12%铜高尚500倍液喷雾；另外，还可用50%速克灵、扑海因、灰霉净、甲霉灵、万霉灵、多霉灵等可湿性粉剂500~800倍液喷雾防治；在大棚中，还可用30%“一熏灵”0.2~0.3g/m^{3}烟熏法进行防治。

4. 防治番茄早疫病、叶霉病，茄子褐纹病，辣椒炭疽病，瓜类蔓枯病、炭疽病等

用80%杜邦新万生，50%甲霉灵、万霉灵、多霉灵、多菌灵，70%甲基托布津，75%百菌清等可湿性粉剂500~800倍液、10%世高1 500倍液、43%富力库4 000倍液、40%杜邦福星5 000~6 000倍液喷雾防治。用80%杜邦新万生、50%甲霉灵500~800倍液，40%瓜枯宁600倍液灌根，可防治茄、瓜类枯萎病和茄子黄萎病。

5. 防治茄、瓜类疫病、根腐病、霜霉病等

用杜邦克露、杜邦新万生、69% 安克锰锌、64%杀毒矾、

60%甲霜锰锌、58%雷多米尔等500~1 500倍液，50%安克2 500倍液喷雾或灌根防治。十字花科蔬菜霜霉病的防治方法相同。

6. 茄、瓜类白粉病

可用40%杜邦福星6 000~8 000倍液，20%粉锈宁乳油600~1 000倍液，10%世高1 500倍液，43%富力库4 000倍液，农用喷淋油99.1%敌死虫或99% SK Enspray 200倍液，生物农药多抗灵100~150倍液进行喷雾防治。

7. 防治各种蔬菜病毒病

以防治传毒媒介昆虫（蚜虫、粉虱等）为主，20%病毒A 400~600倍液，5%菌毒清200~300倍液喷雾。

8. 防治各种蔬菜细菌性病害（如细菌性青枯病、细菌性角斑病等）

发病初期喷洒14%络氨铜水剂350倍液，但对铜剂敏感的品种须慎用。此外，可喷洒72%农用链霉素或新植霉素3 000~5 000倍液进行防治。

9. 防治茄、瓜类棕榈蓟马、蚜虫、白粉虱

用20%好年冬乳油800~1 000倍液，10%一遍净（吡虫啉类）可湿性粉剂2 000倍液，20%康福多4 000~6 000倍液，2.5%菜喜1 000倍液，农用喷淋油99.1%敌死虫或99% SK Enspray 100倍液等喷雾防治。

10. 防治红蜘蛛、茶黄螨等

用1.8%虫螨光乳油2 000~3 000倍液，克螨特和5%霸螨灵胶悬剂1 000~2 000倍液，5%卡死克1 000~1 500倍液等喷雾防治。

11. 防治斑潜蝇

1.8%虫螨光乳油2 000~3 000倍液，40%虫不乐乳油、40%超乐乳油、48%乐斯本（40%毒死蜱）乳油600~800倍液，50%美克水溶性粉剂2 500~4 000倍液等喷雾防治。

12. 防治小菜蛾、菜青虫、菜螟、瓜绢螟

在菜青虫卵孵化盛期选用苏云金杆菌（Bt）可湿性粉剂

1 000倍液，或5%抑太保乳油1 500～2 500倍液喷雾。在低龄幼虫发生高峰期，选用1.8%阿维菌素3 000～4 000倍液喷雾。小菜蛾于2龄幼虫盛期，当虫量达到2～3头/株时用5%锐劲特悬浮剂或5%抑太保乳油或5%卡死克乳油1 500倍液，或1.8%阿维菌素3 000倍液喷雾。在结球期，用2.5%菜喜1 000倍液喷雾。以上药剂要轮换、交替使用。瓜绢螟可用1.8%虫螨光乳油2 000～3 000倍液、5%抑太保和5%卡死克1 000～1 500倍液，5%锐劲特2 000～2 500倍液等喷雾防治。

13. 防治夜蛾类

于2龄幼虫盛期未分散前，用虫瘟一号（斜纹夜蛾多角体病毒）1 000倍液或奥绿一号800倍液喷雾防治斜纹夜蛾；用2.5%菜喜1 000倍液或20%米满1 500～2 500倍液喷雾防治甜菜夜蛾。两种害虫混合发生时可用5%抑太保和5%卡死克1 000～1 500倍液或15%安打悬浮剂3 500倍液或10%除尽悬浮液1 000～1 500倍液或24%美满2 000～3 000倍液或海正三令（富表甲氨基阿维菌素）3000倍液等喷雾防治。晴天傍晚用药，阴天可全天用药。

14. 防治豆野螟、豆荚螟等

可用1.8%虫螨光乳油2 000～3 000倍液，5%抑太保和5%卡死克1 000～1 500倍液从蕾期开始每隔10天喷蕾或花1次。

15. 防治黄条跳甲、猿叶虫等

40%虫不乐乳油、48%乐斯本（40%毒死蜱）乳油600～800倍液，52.5%农地乐1 500倍液，5%锐劲特悬浮剂1 500倍液等喷雾防治。

16. 地下害虫和线虫

防治瓜、菜类跳甲、小地老虎、蝼蛄等，播种或移栽时，用3%米乐尔颗粒剂撒施、穴施、条施，每667m^{2}用量1.5～2kg；5%禾本地亚农颗粒剂每亩用0.8kg拌毒土或撒施，播种时施于播种沟内盖种，然后覆土。防治韭菜根蛆等，用3%米乐尔颗粒剂撒施每667m^2 3～4kg，或50%美克水溶性粉剂50～70g/667m^{2}灌根；防治玉米螟，在喇叭口点施，每 667m^2 用 3% 米乐尔颗粒剂 1kg。

17. 蜗牛、蛞蝓、福寿螺

为害期每 667m^2 用 5% 梅塔 350g，或 6% 密达 500g 撒施。用 5% 蜗牛敌（又叫多聚乙醛）与米糠、豆糠、青草等混合制成毒饵傍晚放于田间垄上诱杀。

【思考与练习】

1. 无公害蔬菜生产过程中如何优化施药技术

2. 结合当地蔬菜生产经营情况，谈谈如何进行蔬菜病虫害综合防治

模块八　蔬菜规模化生产采后处理技术

【学习目标】

1. 掌握主要蔬菜的采收标准
2. 掌握主要蔬菜的采收技术
3. 掌握主要蔬菜的采后处理技术
4. 了解蔬菜的冷链运输系统

一、采收的概念与原则

1. 采收的概念

蔬菜采收是指蔬菜的食用器官生长发育到有商品价值时进行收获，是蔬菜栽培过程中最后的环节。多次采收的蔬菜在采收期间还必须进行恰当的田间管理。采收要按照兼顾产量、品质、效益和保鲜期的原则，适时采收；严格执行农药、氮肥施用后采收安全间隔期，不合格的产品不准采收上市。

2. 采收标准

蔬菜的采收标准是当蔬菜产品器官生长到适于食用的程度，具有该品种的形状、色泽、大小和品质。不同采收目的决定其不同的最佳采收期。多数蔬菜适采期比较宽泛，对成熟度并不严格。但西瓜、甜瓜、加工用番茄、干椒等果菜，采收时对成熟度要求较严格。其成熟度常依据下列方法确定。

（1）生长期　如早熟西瓜从授粉到成熟需28～30天，晚熟需35～40天。

（2）果面色泽变化　蔬菜表面颜色的变化，是判断果实成熟程度的重要参考指标。如番茄褪绿变红；西瓜果面颜色变浅，纹理变清晰等。果实成熟时，一般绿色消退，底色逐渐呈现出来，呈现出该品种特有的色泽。甜椒一般在绿熟时采收；茄子应该在表皮明亮而有光泽时采收；黄瓜应在瓜皮深绿色、尚未变黄时采收；当西瓜接近地面的部分颜色由绿色变为略黄；甜瓜的色泽从深绿变为斑绿或稍黄时表示瓜已成熟；豌豆从暗银色变为亮绿色，菜豆由绿色转为发白表示成熟；花椰菜的花球白但不发黄为适当采收期；甘蓝叶球的颜色变为淡绿色时成熟。

（3）风味　指蔬菜的主要化学物质如糖、淀粉、有机酸、可溶性固形物的含量，是衡量品质和成熟度的重要标志。果实成熟过程中，糖含量不断增加，酸含量不断减少，风味越来越好。

（4）果实的形状与大小　果实必须长到一定的大小、重量和充实度才能达到成熟。

（5）坚实度即果肉硬度　如番茄随成熟度提高，果实渐趋变软。

（6）果柄脱离难易程度　如辣椒成熟后，果梗处产生离层，很容易采摘。

（7）植株及产品器官的生长状况　如大蒜、洋葱、生姜等以地上植株开始转黄时采收较好。西瓜若果柄上茸毛稀疏、脱落，或在叶蔓正常时，着果节上的卷须一半以上干枯则瓜已熟，采收较好。

3. 采收技术

（1）采收前准备

①采前适量控水。作为长期贮藏的叶菜、根菜、茎菜、瓜果及一次性采收的一些绿叶菜，在收获前适当停止浇水，一般控水3～7天，可增加耐贮性，延长其采后保鲜期。

②进行病虫检查。检查是否有病虫、检查采摘用刀具，确认合格后方可采收。

③质量抽检。农药、氮肥施用后必须过安全间隔期后再

采收。

(2) 适时采收

采收过早，则累积的营养物不足，风味不好，产量降低。采收过迟，虽风味还好，适宜立即鲜食，但不耐贮运。

确定采收期：

①采后用途。就地销售的，成熟度可稍高些；需要贮藏、运输的，成熟度应低一点。但也有例外，如南瓜越老越耐藏。如番茄鲜食应在食用成熟时采收，制汁应在果肉变软的生理成熟时采收。豆类蔬菜若是鲜食，在嫩荚鲜嫩木纤维含量少时采收，其口感好。

②果蔬生理动态。以幼嫩部分作食用的蔬菜，不能在完熟期采收。而甜瓜、冬瓜、花椰菜等必须在成熟度较高时采收，成熟度过低，则成品风味较淡。

③采收季节和环境温度。夏季气温高，果实含水量大，不耐贮藏，可在 7 ~8 成饱满度时采收；冬季气温低，可至 8 ~9 成饱满度时采收。采收一般应在一天中气温和菜温低、露水干后的时候进行，有利于保持产品的鲜度。降雨后采收果皮颜色不好、易烂。高温时采收不耐贮。

④结合市场行情、市场需求。

4. 采收注意事项

①选择适宜方法采收。如茄子、西瓜、甜瓜最好用剪刀带部分果柄剪下。本地芹采用劈收，西芹则采用整株采收等。

②一次性采收还是分期分批采收。同一植株上的果实成熟早晚有差异时，要分期分批采收。

③采收时要避免机械损伤。以降低贮运损耗、保持和改进产品品质、防止感病腐烂。

④保持长势。多次采收的蔬菜，如果菜类的第一果（或第一穗果）宜适当早采，提前采收，到结果盛期每隔几天就采收一次，可免植株早衰。多年生的韭菜，为防止早衰，应控制收割次

数，同时，也不能割得过低。

5. 采收方法

(1) 人工采收　目前采收蔬菜主要用此方法。优点是人工采收可以根据田间生长的蔬菜成熟度而任意挑选，以准确掌握成熟度和分次采收，减少机械损伤。缺点是劳动力不足时雇工难，在采收旺季雇工成本高。

(2) 机械采收　适用于成熟时果梗与果枝间形成离层的果实，适用于一次性采收的根菜类、薯蓣类、果菜类、结球叶菜等，如马铃薯、番茄、干椒、结球甘蓝等。优点是可以节省很多劳力。缺点是蔬菜易受损伤，影响品质。目前主要用于加工用果菜的采收。

6. 各种菜的具体采收技术

(1) 叶菜类　除菠菜外均需要多次采收。甘蓝、大白菜等结球蔬菜，采时用刀将叶球从茎盘上割下，叶球外留2~3叶保护叶球。西芹自根部切下，去掉黄叶和根，让叶柄在基部连在一起而不分散。

(2) 花菜　花椰菜、青花菜采收时用刀将花球割下，花椰菜花球周围的叶应剪短些，青花菜的茎应带长些，并带有2~3个小叶。

(3) 根菜、茎菜　地下根茎类大部用锹、锄或机械挖刨。根菜采收时先将土弄松，然后拔出。地下块茎用锄挖刨，避免损伤，采后摊晒1~3小时。

(4) 果菜　果菜要用手或剪刀采摘，并轻拿轻放，避免损伤。豇豆应保留豆荚基部1cm采摘，以免伤及花序影响后面结荚。

(5) 葱蒜类　洋葱、大蒜直接连根拔起，晾晒3~4天使外皮干燥，伤口愈合。大葱收获时注意勿损伤假茎，拉断茎盘或断根面降低商品质量。收获后，抖净泥土，摊放在地上，2~3行铺成一排，原地晾半天，后把根部放齐，每5~10kg一捆，用稻草在大葱中部捆2~3道，贮藏或运输。收获时避开早晨霜冻或低温上冻时间，应在解冻后再收获，以减少叶片硬脆时收获的损伤。韭菜收割时叶鞘基部要留 3～5 ㎝，以免伤及分生组织和幼芽。

二、采后处理

（一）蔬菜采后处理

保持或者改进蔬菜产品质量使其从农产品转化为商品所采取的一系列措施的总称。它对蔬菜贮藏运销有重要意义。许多产地基础设施和条件缺乏，不能很好地解决产地蔬菜分选、分级、清洗、预冷、保鲜贮藏等问题，运输过程中运输机械过于简陋，无成型的冷链运输系统，再加上运输过程中的 3～4 次装卸工序，致使上市的蔬菜又有三分之一以垃圾的形式运出，造成“垃圾菜”严重。

（二）预冷

预冷就是采用人工制冷方法迅速去除蔬菜采后携带的大量田间热，降低蔬菜呼吸消耗，防止腐烂，使蔬菜保持新鲜状态。

（三）蔬菜采后处理的 3 个重点环节

1. 严格分级

要按照国家颁布的标准严格进行挑选、人工分级、去除果面污物等工作。

2. 精细包装

精细包装是果品商品化生产中增值潜力最大的一个技术环节，国外果品包装增值可达 10 倍以上。

3. 贮藏保鲜

当前我国应坚持土洋结合、“两条腿走路”的方法。

4. 方案实施

(1) 预冷　常用方法有冷风、水冷和冰冷等。冷风预冷又分普通冷库预冷、送风式冷库预冷、差压式预冷；水冷又分浸水法、淋水法、流水法；冰冷法常和长途运输结合在一起，就是把冰和蔬菜按一定比例、一定方式一起装在火车或汽车上进行冷却（适宜较耐低温的蔬菜如芹菜、韭菜）。叶菜还可采用真空预冷。需注意的是预冷温度不能太低，应在0℃以上，而黄瓜、甜椒则不能低于10℃。

(2) 晾晒　蔬菜在采收后进行必要的贮前晾晒。晾晒一般适用于含水量高、生理作用旺盛的叶菜类，以及通风性能差的贮藏库。晾晒时不可过度且必须注意防止夜间蔬菜受冻。秋季大白菜、甘蓝、萝卜、胡萝卜等收获后可在田间晾晒1/2～1天，并进行1～2次翻倒。

(3) 整理清洗（净菜）

①整理。去除非食用部分及残枝败叶、根、泥土等；通过挑选和分级，剔除有机械损伤、病虫为害及外观畸形等不符合商品要求的产品。

②清洗。用清洁水洗去，宜洗蔬菜表面的泥土、农药及其他杂物等，然后晾干蔬菜表面水分，以免腐烂。

(4) 净菜要求　基本要求是无残留农药；无枯黄叶；茎、叶菜无菜根；无泥沙；无杂物。

①香辛菜。包括葱蒜、芹菜、芫荽等，不带泥沙、杂物，可保留部分根系。

②块根（茎）类。包括芋头、土豆、萝卜、胡萝卜、姜等，去掉茎叶、不带泥土，萝卜可带少量叶柄。

③瓜、豆类。不带茎叶，西瓜和甜瓜可带一小截瓜蔓。

④叶菜类。不带黄叶、不带根、去除菜头和根。

⑤花菜类。不带根，可带少量外叶。

⑥芽菜类。包括黄豆芽、绿豆芽，不带豆衣。

⑦茄果类。包括番茄、茄子、辣椒、甜椒，番茄可带几个萼片，后三者可带一小截果柄。

5. 涂被催熟

(1) 涂被　在果实表面喷、刷或涂一层薄膜涂料，抑制呼吸，防止水分蒸发，防病菌侵染，以改善果实品相、保鲜。

(2) 催熟　果菜类若温度较低，要达到商品成熟，常采用生长调节剂处理（如乙烯利）邻近成熟的果实，使其提前着色、成熟的措施。

6. 分级包装

(1) 分级　将蔬菜产品按照规格、质量两因素分成不同等级。好处是包装和运输方便，优质优价，容易实现“农超对接”。我国蔬菜分为普通蔬菜、无公害蔬菜、绿色蔬菜、有机蔬菜四个等级。不同蔬菜按不同标准依据产品品质、色泽、大小、成熟度、清洁度及损伤程度等因素进行分级。

(2) 包装　有保护作用、保鲜作用、方便贮藏运输携带、改善外观（美观）、利于销售、无声推销、提高果蔬身价。防止出现“一流的产品二流的包装三流的价格”。

①包装容器要求坚固结实，通透性好，防潮性好，清洁环保，内壁光滑，美观、质轻、成本低，包装容器的外面应注明商标、品名、等级、重量、产地及包装日期。

②包装容器种类分为外包装和内包装。外包装又称运输包装或大包装。常见有软包装（麻袋、尼龙网袋、塑料编织袋等）、筐（竹筐、藤筐等）、箱（木箱、瓦楞纸箱、塑料箱）、集装箱等。内包装又称销售包装、陈列包装或小包装。常见有保鲜膜包装、塑料泡沫网袋、收缩包装、真空包装等。

7. 运输贮藏

(1) 运输应注意问题

①选择适宜运输工具和路线，确保运输安全。

②运输工具应清洁卫生。

③轻装、轻卸，严防机械损伤。

④加强防护，严防高温、低温和雨水的危害。

（2）贮藏　蔬菜常用贮藏方法如下。

①常温贮藏。要求贮藏场地阴凉通风。

②冷藏。将蔬菜放在温度较低的场所贮藏，如冰箱、冷藏室、冷库。

③窖藏。如北方冬季萝卜白菜的保存就是采用窖藏法。

（四）“冷链”运输系统

1.“冷链”运输系统

从采后到产销地，交付运输的蔬菜必须有良好的质量，并尽快运输，即快装快运，轻装轻卸，防热防冻。蔬菜采后应及时进行优质商品化处理预冷→加工分级包装→冷藏运输→批发市场（或超市）的冷库（或冷柜）→消费者的冰箱，形成一条“冷链”。

2. 汽车运输蔬菜的注意事项

（1）车辆　用于长距离运输蔬菜的车辆，应以大型卡车为主，车况良好。车厢应为高帮，有顶篷，装车时不能用绳子勒捆、挤压，减少运输过程中的机械损伤。

（2）运输距离　一般来讲，常温下运输蔬菜应在1 000km以内，24小时内到达销售网点为好。各种蔬菜耐贮运的特性不同，有的蔬菜比较耐贮运，如洋芋、胡萝卜等；有的蔬菜如叶类菜则不耐贮运，装车运输数量、运输距离及时间各不相同。

（3）通风　一般不能散装。装车时要注意包装箱、筐、袋之间的空隙。车前和车的两边应留有通风口，不能盖得太严。行驶途中，夜间气温低时，可打开通风口，让冷凉空气带走蔬菜的呼吸热；当中午气温高时，则应关闭通风口。

总之，汽车运输主要应抓住 一个快字，坚持快装快运，及时到达销售网点，及时卸菜整理销售。

【思考与练习】

1. 简答蔬菜的采收标准
2. 蔬菜采收时应注意什么
3. 简述常见蔬菜的采收方法
4. 简述常见蔬菜采后处理方法
5. 简述蔬菜冷链运输系统的组成

模块九　蔬菜产业政策法规与经营管理

【学习目标】

1. 了解我国蔬菜产业的相关政策法规
2. 掌握蔬菜产业成本核算的方法
3. 了解蔬菜市场营销的策略

一、蔬菜产业相关政策法规

（一）《全国蔬菜产业发展规划（2011—2020 年）》

蔬菜是城乡居民生活必不可少的重要农产品，保障蔬菜供给是重大的民生问题。改革开放以来，我国蔬菜产业发展迅速，在保障市场供应、增加农民收入等方面发挥了重要作用。同时，必须看到，蔬菜产业发展还存在市场价格波动大、产品质量不稳定等突出问题。党中央、国务院高度重视蔬菜产业发展，2010 年国务院出台 3 个文件，对加强蔬菜生产流通、保障市场供应等工作提出了一系列要求，同时要求制定全国蔬菜产业发展规划。

国家发展改革委、农业部会同商务部、水利部、财政部、国土资源部、统计局等部门及部分省（区、市）组成了规划编制工作小组。工作小组进行了大量调查研究，总结了我国蔬菜产业发展成就和经验，梳理和探寻了蔬菜产销存在的问题及原因，分析了未来 10 年对蔬菜产业发展的需求，研究提出了对策措施，并在反复论证的基础上，编制了《全国蔬菜产业发展规划（2011—2020 年）》（以下简称《规划》）。

《规划》编制和实施的目的是引导各种要素向优势区域集聚，促进生产流通发展、保障市场供应；推进标准化生产，提高产品质量安全水平；加强信息监测体系建设，引导生产和流通；发展壮大农民专业合作社和农业龙头企业，提高组织化程度和产业化水平；加强体制机制建设，抑制市场和价格波动。为此，《规划》在分析蔬菜产业发展现状的基础上，明确了产业发展的指导思想、基本原则和发展目标；对大中城市提高蔬菜供应保障能力提出了要求；划定了产业优势区域，选定了产业发展重点县580个；提出了生产、流通及质量安全体系发展重点，并制定了相应的保障措施。

《规划》与《全国新增1 000亿斤粮食生产能力规划（2009—2020年）》（国办发〔2009〕47号）、《农产品冷链物流发展规划》、《全国农产品质量安全检验检测体系建设规划》等作了衔接。本《规划》是未来10年蔬菜产业发展的基本依据。

（二）蔬菜生产流通的政策

进一步贯彻落实国发〔2010〕26号、40号文件精神，国家发展改革委出台了现就《完善价格政策促进蔬菜生产流通有关事项通知》（发改价格〔2011〕958号文）。

1. 实施优惠价格政策扶持蔬菜生产经营

各地价格主管部门要积极研究完善相关价格政策，降低生产经营成本，促进蔬菜生产供应。对蔬菜生产过程中的用水、用电价格，要按照农业用水、用电价格执行。大型农贸市场用电、用气、用热价格实行与工业同价。大型农贸市场的用水价格，已按要求简化用水价格分类的地区，应当执行非居民用水价格，有条件的可以执行居民用水价格；尚未简化分类的，应当按照工商业用水中较低标准执行。蔬菜冷链物流中的冷库用电要实行与工业用电同价。严格执行鲜活农产品运输绿色通道政策，将免收道路通行费措施落实到位，各地可以根据情况进一步扩大蔬菜运输免收道路通行费的品种范围。

2. 运用价格调节基金支持蔬菜生产流通

已经建立价格调节基金的地区，要依照《价格法》的规定，积极运用价格调节基金支持蔬菜的生产流通，价格调节基金用于支持蔬菜生产流通的比例原则上不应低于基金总额的30%。支持商场、超市、农贸市场开辟农产品平价销售区域和本地菜农直销区域，降低生产经营成本；对农副产品生产、流通和销售领域的蔬菜大棚和温室、冷库和平价商店等公益性基础设施给予支持，降低蔬菜生产流通费用；支持建立蔬菜市场和价格信息监测、发布、预警体系建设，提高蔬菜价格调控的前瞻性、预见性。尚未建立价格调节基金的地区，要按照国发〔2010〕40号文件的要求，2011年底前依法建立完善价格调节基金制度。

3. 加强市场收费管理

对政府投资建设的农产品市场，各地价格主管部门可以按照法定程序将摊位费纳入定价目录，实行政府指导价或政府定价管理，由价格主管部门按照保本微利的原则核定收费标准。加强对涉及农贸市场的行政事业性收费、社团收费的清理整顿，取消不合理的收费项目，降低偏高收费标准。

没有列入定价目录的摊位费，各地价格主管部门要在清理高额经营权承包费或者提供政府补贴的前提下，推动市场投资主体降低摊位费标准。对摊位费标准过高的，要及时采取引导、劝诫、公布参考收费标准、公开曝光等多种手段，推动降低收费标准。必要时，对农贸市场的建设运营成本和收费情况进行调查，并公开成本情况。

各地价格主管部门要配合有关部门研究制定农副产品市场经营户示范合同，列明经营户位置、经营品种以及摊位费标准和收取形式等内容。水电费、供暖费、税金、垃圾处理费、污水处理费等必要的代收费也要一并列明项目和标准，并在市场醒目位置公示，接受监督。除合同列明的摊位费和代收费项目外，严禁农贸市场等投资主体利用市场优势地位，随意变更收费标准或收取其他任何费用。

4. 强化价格监督检查

各地价格主管部门要强化监管力量，及时受理和处置群众的举报。要重点检查水电支持性价格政策、鲜活农产品绿色通道政策、利用价格调节基金扶持蔬菜生产流通的执行情况，以及农贸市场利用优势地位违反法律法规或经营合同向经营户乱收费和乱摊派行为等。要继续保持对捏造散布涨价信息、恶意囤积、哄抬价格、串通涨价等各类价格违法行为的高压打击态势，依法严肃查处，纠正违法行为。对社会影响较大的典型案件，要公开曝光。加强农产品电子交易市场监管，严厉打击操纵合约价格等违法行为。

5. 完善菜农利益保护机制

各地价格主管部门要积极与当地农业、保险监管部门协调，推动开办基本蔬菜品种的政策性保险业务。基本蔬菜品种要根据本地蔬菜生产和消费实际确定。各地价格主管部门要研究测算基本蔬菜品种种植成本，为合理确定保险费率和赔付标准提供支持。对于缴纳基本蔬菜保险费用确有困难的，应协调财政或利用价格调节基金予以一定补贴。各地价格主管部门要配合有关部门研究完善相关政策，支持发展订单农业，引导和鼓励农产品生产基地、菜农与客户签订远期购销合同，确定蔬菜品种、数量和价格，降低蔬菜种植的风险。

6. 配合落实相关政策

各地价格主管部门要向当地党委、政府建议，并积极配合有关部门开展工作，确保国发〔2010〕26 号、40 号文件确定的扶植生产、保障供应，强化行政首长负责制等各项政策措施落实到位。要完善考核指标体系，强化“菜篮子”市长负责制；增加城市郊区蔬菜种植面积，提高蔬菜自给率，绿叶蔬菜基本实现本地供应；支持蔬菜生产基地和蔬菜大棚、日光温室等设施蔬菜建设，提高蔬菜自给能力；按照“就近、便民”的原则，合理规划包括批发市场、社区农贸市场、平价菜店在内的城市农产品市场体系，通过低税收、低收费政策降低摊位费，方便居民购买；完善城市蔬菜储备体系，确保一定数量的蔬菜储备规模，提高城市蔬菜应急供应能力；支持农超对接、农校对接、大型连锁商业企业直接与农产品生产基地建立长期购销关系；支持农产品生产基地与大型工矿企业直接签订购销合同，减少蔬菜生产供应的中间环节；根据本地经济发展的实际和建设新菜地的成本，大幅度提高新菜地开发建设基金标准，切实加强对新菜地开发建设基金的征收、使用管理。

各地价格主管部门要在当地党委和政府领导下，进一步加强调查研究，认真分析蔬菜产供销过程中出现的新情况、新问题，及时提出对策建议，努力促进蔬菜生产供应，保持市场价格基本稳定。

二、蔬菜生产成本核算方法

蔬菜种植既要讲收成，也要讲成本，最后求得效益，为以后的种植发展目标提供依据和参考，合理投入，达到减少和节约成本，提高经济效益的目的。成本是以货币表现的商品生产中活劳动和物化劳动的耗费。商品生产过程中，生产某种产品所耗费的全部社会劳动分为物化劳动和活劳动两部分。物化劳动是指生产过程中所耗费的各种生产资料，如种子、农药、化肥、设施等。活劳动是指生产过程中所耗费的生产者的劳动。物化劳动和活劳动是形成产品生产成本的基础，对于一个生产单位来说，如种植户、农场及各种工业企业等，在一定时期内生产一定数量的产品所支付的全部生产费用，就是产品的生产成本。

（一）蔬菜生产中物质费用的核算

1. 种子费

外购种子或调换的良种按实际支出金额计算，自产留用的种子按中等收购价格计算。

2. 肥料费

商品化肥或外购农家肥按购买价加运杂费计价，种植的绿肥按其种子和肥料消耗费计价，自备农家肥按规定的分等级单价和实际施用量计算。

3. 农药费

按蔬菜实际使用量计价。

4. 设施费

有些蔬菜种植使用了大棚、中小拱棚、棚膜、地膜、防虫网、遮阳网等设施。根据实际使用情况计价。对于可多年使用的大棚、防虫网、遮阳网等设施要进行折旧，一次性的地膜等可以一次计算。折旧费可按以下公式计算：

折旧费 =（物品的原值 - 物品的残值）×本种植项目使用年限/折旧年限

5. 机械作业费

凡请别人操作或租用农机具作业的按所支付的金额计算。如用自有的农机具作业的，应按实际支付的油料费、修理费、机器折旧费等费用，折算出每亩支付金额，再按蔬菜面积计入成本。

6. 排灌作业费

按蔬菜实际排灌的面积、次数和实际收费金额计算。

7. 畜力作业费

有些使用了牛等进行耕耙，应按实际支出费用计算。

8. 管理费和其他支出管理费

种植户为组织与管理蔬菜生产而支出的费用，如差旅费、邮电费、调研费、办公用品费等。承包费也应列入管理费核算。其他支出如运输费用、货款利息、包装费用、租金支出、建造栽培设施费用等也要如实入账登记。

总的看：物质费用 = 种子费 + 肥料费 + 农药费 + 设施费 + 机械作业费 + 排灌作业费 + 管理费 + 其他支出。

(二) 蔬菜生产中人工费用的核算

我国的蔬菜生产仍以手工劳动为主，因此人工费用在蔬菜产品的成本中占有较大比重。人工消耗折算成货币比较复杂，种植户可视实际情况既要计算雇工人员的工资支出，也要把自己的人工消耗算进去。

(三) 蔬菜产品的成本核算

核算成本首先要汇总某种蔬菜的生产总成本，在此基础上计算出该种蔬菜的单位面积（亩）成本和单位质量（千克）成本。生产某种蔬菜所消耗掉的物质费用加上人工费用，就是某种蔬菜的生产总成本。如果某种蔬菜的副产品（如瓜果皮、茎叶）具有一定的经济价值时，计算蔬菜主产品（如食用器官）的单位质量成本时，要把副产品的价值从生产总成本中扣除。

(四) 生产成本核算方法

生产总成本 = 物质费用 + 人工费用

单位面积成本 = 生产总成本/种植面积。

单位质量成本 = （生产总成本 - 副产品的价值）/总产量

为搞好成本核算，蔬菜种植者应在做好生产经营档案的基础上，把种植过程中发生的各项成本详细计入，并养成良好的习惯，对今后的种植大有益处。

三、蔬菜产品市场营销策略

（一）农产品市场的特点

①交易的产品具有生产资料和生活资料的双重性质。
②具有供给的季节性和周期性。
③市场风险比较大。
④现代化市场与传统小型分散市场并存。
⑤农产品市场的基本稳定性。

（二）农产品营销的特点

①营销产品具有鲜活性、易腐性（不易储存）。
②农产品供给的季节性和周期性（反季节产品），短期总供给缺乏弹性。
③农产品需求的大量性、连续性、多样性和弹性较小。
④大宗主要农产品品种营销的相对稳定性。
⑤政府宏观政策调控的特殊性。

（三）蔬菜产品的市场营销方法

1. 产品策略

（1）农产品转变为商品的途径
①重信息，讲策略，克服农副产品生产的盲目性。
②重技术，讲效益，追求生产的科学性，树立科学发展观。
③重宣传，讲促销，走出开放的大市场。
④抓机遇，讲成本，盘活资金促生产。
⑤重联合，讲长远，取长补短求发展。

（2）产品策略内涵　产品是基础，市场是关键，消费者是中心。围绕消费者的个性化需求来生产新特产品，营养、健康产品、安全产品，这就要充分调研市场和消费者，信息要灵、要快、要充分。在商品经济社会中，应树立动态的、完整的优质产品概念。

(3) 优质农产品的特性

①营养品质。泛指农产品所含的营养成分，如蛋白质、脂肪、淀粉以及各种维生素、矿质元素、微量元素等。

②加工品质。也可以称为食用品质或适口性。它是农产品通过深加工后所表现出的品质，这也是最重要的品质指标。

③商业品质。指的是产品的形态、色泽、整齐度、容重以及装饰等表观或视觉性状；也包括是否被化学物质所污染。

这3种品质既相互联系，又独立存在。联系，是指一种品质的改善可能有益于另一类品质；独立，是指其产生的原因不同，而又必须有不同的解决途径。清楚产品的卖点，包含特征（产品的特点）、功效（产品的功能）、利益（特征和功能对客户的意义）。

2. 定价策略

定价要考虑如下因素。

(1) 定价目标　包含维持生存、当期利润最大化、市场占有率最大化、产品质量最优化等因素。

(2) 产品成本　包含市场需求、竞争者的产品和价格等因素。

3. 渠道策略

结合不同的蔬菜规模化生产模式，发展适应自身的营销模式，达到经济效益最大化，保障蔬菜规模化生产经营良性发展，最终形成产业化。“蔬菜批发市场+蔬菜种植户”模式

(1) “蔬菜种植户→批发商→零售商→消费者”营销模式　这种营销模式适应“蔬菜批发市场+蔬菜种植户”的规模化生产模式，属于传统营销。种植户按照蔬菜批发市场制订的标准组织生产，不直接参与流通环节。降低了种植户的生产成本，易于专

业化生产。但是，种植户的市场风险较大，经济效益较低。

（2）“蔬菜种植户→公司→零售商→消费者”营销模式　这种模式适应“公司＋农户”、“公司＋基地＋农户”的规模化生产模式，属于订单营销。其优势在于减少了种植户生产的盲目性，增强了蔬菜生产龙头企业的原料来源和质量的稳定性，弱化了市场风险，打通了产前、产中、产后等环节的联动效益。只要公司和种植户诚信守约，协同发展，这种模式最有利于蔬菜产业化的发展。

（3）“专业合作社→零售商→消费者”营销模式　这种模式适应“蔬菜专业合作组织＋菜农”的规模化生产模式，属于直供直销。其优势在于蔬菜专业合作组织与种植户联盟，通过标准化、规模化和品牌化运营，直接供应零售商如超市、农贸市场商户等，加强种植户自身的运营能力，提高了收益，为下一步的产业化发展奠定基础。但也有资金、技术、信息、服务等能力不强，抵御市场风险能力较弱等缺点。

（4）“企业→消费者”营销模式　这种模式适应“蔬菜专业合作组织＋菜农”、“企业＋农场”的规模化生产模式，属于直销。

其优势在于企业或蔬菜专业合作组织在加强蔬菜产品质量、安全控制，加强标准化、规模化和品牌化管理的基础上，运用进社区、进高校、加网络等现代直销手段，加快产业化进程，抵御市场风险，实现经济效益和社会效益的双丰收。

总之，生产者应结合自身资源优势，系统分析现有的营销模式，选择并做出相应改革和创新，进而指导下一步的生产经营。

【思考与练习】

1. 简述核算蔬菜生产成本的方法
2. 简述蔬菜市场营销的策略

参考文献

[1] 农业部全国蔬菜重点区域发展规划（2009—2015）.

[2] 王仁强．蔬菜安全生产经营组织模式研究．山东农业大学学报，2011，4：27－30.

[3] 孙兆竹．蔬菜地土壤改良的措施．现代农业科技，2012，19：223－224.

[4] 陈友．蔬菜育苗技术．中国农业出版社，1999.

[5] 农业部农民科技教育培训中心．现代蔬菜育苗技术．中国农业科学技术出版社，2007.